SCHAUFEL, RECHEN, GARTENSCHERE

Barbara Frischmuth

Schaufel, Rechen, Gartenschere

Was die Hände brauchen

Mit Illustrationen von
Hanna Zeckau

DINGE DES LEBENS

Wer von Gartengeräten spricht, hat schon Garten gesagt, und wer Geräte meint, weiß, dass er es mit den Händen zu tun bekommt. Aber der Garten ist das pure Leben. So wie die Hände lebendig sind, voller Neugier und Lust auf den Gebrauch dessen, was Hirn und Hand zum Handwerk gemacht haben.

Im Garten sind wohl die Pflanzen im Fokus, doch ohne die Erde, in der sie wurzeln, geht nichts. Diese Existenzunterlage beherbergt Millionen von meist kleinen bis kaum mehr sichtbaren oder für das Menschenauge unsichtbaren Tieren. Für den Gartenkreislauf sind sie enorm wichtig, ob als Nützlinge oder Schädlinge, oft beides zugleich. Jedes dieser Tiere hat, wie wir Menschen, Feinde und Freunde, kennt Heilmittel und Gifte, weiß von Fallen, aber auch von guten Nistplätzen.

Tiere, Pflanzen und Pilze, sie alle sehnen sich nach der Kunst des Schönen, der Schönheit, wie immer sie sie gestalten mögen, ähnlich den Sprachen, die sich aus den Grundlauten jeweils neu zusammensetzten. Das gilt auch für den Garten und seine Lebewesen, denen wir begegnen, ob mit unseren Händen oder einem Gerät oder beidem, wir treffen dabei das Leben selbst samt seinen Erzählungen.

Schon Homo erectus, der vor zwei Millionen Jahren bereits Zweifüßer und Dauerläufer war, während die Vierfüßer, die nach etwas greifen wollten, sich erst hinsetzen oder sehr flink sein mussten, um das Gleichgewicht nicht zu verlieren, hatte die Hände frei und und konnte sich peu à peu auch um anderes kümmern als um Nahrung. Auch seine Zähne wurden kleiner, sobald er Waffen erfand, frisches Fleisch aß und nicht mehr warten musste auf das, was die Raubtiere übrig ließen. Bessere Nahrung verschaffte ihm auch ein größeres Gehirn, und kaum hatte sich das während einiger hunderttausend Jahre richtig entwickelt, fingen seine Hände an, Artefakte zu schaffen, die nur schön sein sollten und ohne Nutzen, wie die gut geformten Faustkeile oder die Rautenmuster, die er in Muscheln ritzte.

Die nächsten waren die Neandertaler, die ihrem Verlangen nach Schönheit nachgaben, indem sie ihre Toten mit Blumen begruben. Die meisten von ihnen waren Höhlenbewohner, die ihre Artefakte bereits vor 176.000 Jahren in Form von kreisförmigen Skulpturen aus abgebrochenen Stalaktiten und Bärenknochen tief unter der Erde schufen. Dennoch verschwanden die Neandertaler so wie Homo erectus mit all seinen Varianten. Wer als einziger blieb, war Homo sapiens, nachdem Neandertaler und Denisovaner nicht mehr im Weg standen, der moderne Mensch also, wie er von Anthropologen benannt wurde.

Homo sapiens kam vor ungefähr 45.000 Jahren nach Europa. Er hatte schmälere und auch geschicktere Hände als alle anderen. Und offensichtlich gehörte er zu denen, die mit ihren Händen immer mehr von ihren Ideen verwirklichen wollten und es nach vielen Versuchen auch konnten. Homo sapiens schuf Skulpturen von Tieren und Menschen, schmückte seine Höhlenwände mit Reliefs und Malereien, fertigte Schmuck aus Muschelperlen an, bemalte sein Gesicht mit Ocker und zeichnete Muster auf Straußeneier. Seine Höhlenmalereien gab es gleichzeitig an den Rändern Eurasiens, in Frankreich, Spanien, Sulawesi und Borneo. Wie der Paläontologe und Evolutionsbiologe Henry Gee meint, herrschte in den Höhlen eine eindrückliche Akustik, die nahelege, dass bei Ritualen auch getanzt und gesungen wurde.

Nicht von ungefähr schmückten die Menschen der Altsteinzeit ihre Finger und Handgelenke, die ihnen den Fortschritt brachten, und zeigten so nicht nur ihre Geschicklichkeit im Umgang mit Materialien, sondern auch das, was sie als Handwerker produzierten und auch benutzen wollten. Die Geräte, mit denen sie die Arbeit effizienter machten, ersparten den Händen das bloße Graben, Werfen und Transportieren von Erde, Schlamm und Ton bis hin zu Marmor. Die Hände ersannen und erfanden eine Art Ausdehnung, die sie weniger belastete als das Wühlen und Werfen mit nackter Haut. Im Guten wie im Bösen. Sie kreierten Werkzeuge, um ihre Welt wohlhabender und zukunftsträchtiger zu machen, einerseits, und andererseits mussten sie, drastisch gesagt, ihre Feinde nicht mehr mit bloßen Händen erwürgen. Es war einfacher, den Bogen zu spannen oder mit einer Wurfwaffe zu jagen, wobei die Hände zwar agierten, jedoch aus einer gewissen Entfernung, und man auch die Chance hatte, zu flüchten, wenn Pfeil oder Speer am Opfer vorbeizischten.

Wer jemals die Pyramiden in situ gesehen hat, kann sich nur mit Mühe vorstellen, was die Ägypter ihren Händen antaten. Geräte gab es zwar schon, aber wie man mittlerweile weiß, mussten die Arbeiter die riesigen Kalkblöcke mit Werkzeugen wie Meißel, Bohrer und Säge bearbeiten, alle aus Kupfer, denn Eisen gab es vor rund 5000 Jahren noch nicht. Dass die Produkte dieses Kraftakts noch immer, wenn auch gelegentlich etwas ramponiert, vorhanden sind, zeigt, wozu Hände und die von ihnen erzeugten Geräte bereits damals imstande waren.

Während unsere Hände über Millionen von Jahren eine Geschicklichkeit erlangten, ohne die die Welt eine andere geblieben wäre, waren sie klug genug, Gegenstände zu produzieren, die ihre Kraft nicht überbelasten sollten. Nach eigenem Erleben ist es jedoch am ehesten der Garten, der unseren Händen nicht nur die Zeit, sondern auch die Laune verbessert. Dass der Garten eine eigene Kunst, die Gartenkunst, geschaffen hat, ist nicht nur löblich, sondern soll auch stresshemmend sein, ob mit oder ohne Geräte. Mit bloßen Händen in der Erde wühlend oder in Zusammenarbeit mit Werkzeugen jeder Art, bald beginnt das große Staunen über die Schönheit von Pflanzen und Tieren, speziell Insekten, die im Garten leben und uns besser kennen als wir sie.

Und schon geht es wieder um Kunst und Kultur. Hände sind dafür erdacht und gemacht, um die Dinge rundum zu verändern, neu zu erfinden. Sie haben am meisten dazu beigetragen, dass die Kultur (die Landwirtschaft ist nur ein Teil davon) geradezu überschießend Gegenstände erfindet, plant, herstellt und sich dabei immer mehr Ressourcen genehmigt, ohne auch nur einen Moment darüber nachzudenken, welche Folgen das längerfristig haben kann und wird.

Angeblich sind menschliche Hände die einzigen, die sich zur Faust ballen können. Nicht von ungefähr nennt man die ersten Artefakte von Homo erectus Faustkeile, selbst wenn sie nicht in allen Sprachen so heißen, die Verbindung ist da. Vor allem die zwischen Hand und Hirn.

Eine der wichtigsten dieser Verbindungen war und ist die Schrift. Dass es möglich war, aufzuzeichnen, was man dachte, in Ton, in Stein, auf Tierhäuten, auf Papyros und später mit

Tinte auf Papier und so weiter ist eine der weitgreifendsten Erfindungen der Menschheit. Jahrtausende hindurch wurde mit der Hand geschrieben, von Anfang an mit Hilfen wie kleinen Stäben, dem Pressen von frischem Ton, dem Meißeln in Stein, dem Mischen von Tinten aus natürlichen Stoffen und so fort. Wo das Hehre ist, ist auch das Banale nicht weit. Neben den Gottheiten warten die Händler. Man geht davon aus, dass die Schrift zum Erstellen von Ein- und Verkaufslisten, Rechnungen und Schuldscheinen erfunden wurde, dennoch war die Literatur nicht weit, ebenso wenig waren es die Götter mit ihren Mythen und die Mathematik.

Wir schreiben immer mehr und merken uns immer weniger. Selbst die Schrift wird von Mal zu Mal anonymer, die Unterschrift wird zum Stempel und die Finger werden wie der Holzwurm zum Klopfen erzogen.

Wir haben uns das alles eingebrockt, Brauchbares und Unbrauchbares, und ändern unsere Sicht der Dinge, weil sich alles verändert. Und dennoch halten sich Verliebte noch immer an den Händen, streicheln wir Kindern und alten Leuten die Wangen. Man umarmt sich, trägt Ringe, füttert Babys, legt Geräte wie Messer und Gabel weg, wenn es gebackene Hühnerhaxen gibt, die man eben mit den Fingern hält, wenn man die Knochen abfieseln möchte. Und wenn das alles nicht hilft, ist da der Garten, in dem sich die Hände nackt in und über der Erde entspannen können, auch wenn der Schweiß von der Stirn läuft.

Gartengeräte: Hilfe für die Hände

Die älteste Schaufel der Literatur

Was den Garten sozusagen zum Garten macht, ist ein Gerät, das bereits in der Odyssee vorkommt. Es ist gewiss nicht die erste Schaufel, aber die älteste literarisierte. Odysseus versuchte, seiner Frau Penelope nach seiner Odyssee und dem Gemetzel an ihren Freiern zu erzählen, was ihm der blinde Seher Teiresias in der Unterwelt alles prophezeit hatte. Er, Odysseus, solle viele fremde Städte aufsuchen, und das mit einem Ruder in der Hand, bis jemand komme und ihm sage, dass er eine Worfelschaufel trage. Dann solle er das Ruder fest in die Erde stoßen. Was so viel bedeutet, wie dass Odysseus in eine Gegend kommen werde, die weder Schiffe noch Ruder kannte. Auch wurde ihm von Teiresias verordnet, Poseidon Opfer zu bringen, hatte er doch dessen Sohn, dem Zyklopen Polyphem, das Auge ausgestochen. Offensichtlich wanderte Odysseus dabei durch Festland mit Landwirtschaft, ohne Seeräuber und deren Ruder samt Segel. Also ist anzunehmen, dass die Landwirtschaft mit einer Schaufel begann. Das hieß, dass man sich seine Nahrung nicht mehr nur von der Wiese zupfte, sondern mit dem Züchten begann, säte, erntete, das

Feuer kontrollierte und Wild briet. Schließlich wusste man schon, dass gebratenes Fleisch mehr Aromen hat und leichter zu verdauen ist.

Apropos, die Worfelschaufel, aus Holz wie das Ruder, wurde ursprünglich zur Reinigung des Getreides verwendet. Sie war eher ein rundlicher Korb mit Stiel, der die Körner aufnahm, aus dem man sie in die Luft in Richtung Speicher warf (am besten bei entsprechendem Wind), damit die Spreu davonflog und die Körner sich zu einem spreufreien Haufen zusammenfinden konnten.

Im Laufe der Zeit entstanden nach den eingegrenzten Getreidefeldern die ersten Obst- und Gemüsegärten, in der Erzählung von Adam und Eva wird von einer paradiesischen Landschaft mit gemäßigtem Klima berichtet. Es wären nicht Menschen, hätten sie sich mit diesem nahrungsreichen Paradies begnügt. Homo sapiens war eben von Haus aus mehr am Haben interessiert als am Sein. Was zu Anfang zum Schutz der Pflanzen eingezäunt wurde, wurde bald zur Ein- und Ausgrenzung von Besitz.

Für die Jäger und Sammler hieß es seinerzeit, dem Wild als lebendiger Nahrung nachzurennen, was ziemlich aufwendig war und insofern auch riskant, als die Beute selbst auf Beute angewiesen war. Sodass man sich oft nicht sicher sein konnte, wer Beute und wer Jäger sein würde. Alles musste spontan geschehen, auch gab es für Nomaden keine Speicher. Man zog weiter und versuchte sein Glück im nächsten Gebiet, in dem die Natur den Tisch gedeckt hatte.

Als die Sesshaftigkeit begann, wurden die Felder immer öfter zu Eigentum, das nicht nur den oder die Einzelnen betraf, sondern mit der Zeit ein ganzes Land und dessen hierarchische Strukturen. Aus dem verbotenen Apfel des Paradieses wurde ein Reichsapfel, der für sein Imperium stand. Wo es ein

Imperium gab, gab es auch Krieg. Wenn die Nahrung knapp und die Menschen dennoch immer mehr wurden, schickte man die jungen überschüssigen Männer an die Grenze, die sie überschreiten und auch in Besitz nehmen sollten, je fruchtbarer, desto kämpferischer.

Homo sapiens war zwar intelligent genug, die Herstellung von Nahrung sowie Wohnen, Bildung, Reichtum mit immer gewiefteren Strategien zu produzieren, doch nicht klug genug, ein Leben ohne Mord und Totschlag zu leben. Warum? Das Leben hat viel tiefere Wurzeln als wir Menschen. Wir sind einstweilen die letzten, um nicht zu sagen, die jüngsten, die auf diesem Planeten Fuß fassten, eine Spezies, in deren Unterbewusstsein alles an Strategien von Tieren, Pflanzen und Pilzen gespeichert ist. Aus diesen Kellern steigt noch oft genug manches auf, das, wenn auch alt, wiederverwendbar erscheint, ob uns das bewusst wird oder nicht.

Zurück zur Schaufel. Sie ist einfach zu handhaben, wird aber in der heutigen Landwirtschaft kaum mehr gebraucht, allerdings in den Gärten noch immer. Vor allem in den privaten, die meist nicht groß genug sind, als dass sich Traktor, Pflug oder Mähmaschine mit Sitz, Lenkrad und Motor lohnen würden.

Schaufel und Hand kennen einander seit Jahrtausenden, wobei es die Schaufel eher als Gesamtbegriff gibt, denn selbst ihre Form ist nicht in Stein gemeißelt. Es gibt sie auch als Spaten, wenn man tiefer graben möchte und dabei mit einem Fuß hart auf die obere Kante tritt. Das Spatenblatt ist eher rechteckig, gerade und mit einer vorstehenden Kante (er existiert auch als Damenspaten, ist dann nur etwas kleiner). Es gibt die Schaufel aber auch als Schneeschaufel, etwas rundlicher und seitlich gewölbt, damit der Schnee nicht gleich von der Schaufel rutscht. Das eindeutigste Merkmal einer Schaufel ist aber ihr Stiel. Ob groß, ob klein, man ergreift sie am Stiel, um die wie auch immer gestaltete Schaufel mit verschiedenen Erden samt Kompost, Sand, Schotter, Dünger (von Pferden, Rindern, Lämmern oder Ziegen) zu füllen, um sie in das gegrabene Loch auf die Wurzeln der eingesetzten Pflanzen oder auf einen Komposthaufen, einen Lastwagen, ein Beet, einen Misthaufen oder ein Grab zu werfen. Manche Gärtner und Gärtnerinnen stechen im Frühjahr die Erde noch um, viele tun es nicht mehr und vertrauen dem Herbstlaub, das sich in Humus verwandelt und die Erde füttert.

Genauer gesagt, Schaufeln gibt es in allen Größen, aber inzwischen sind wohl die Handschaufeln die am meisten gefragten, schmal, tief oder bauchig, in einer Form, die einem halben gekochten Ei ähnelt. Zuerst wird Erde in den Topf gestopft, dann schlägt man mit der Handschaufel rund um die Pflanze, damit noch Platz für Gießwasser ist usw. usf.

Die Handschaufeln gibt es natürlich in verschiedensten Größen, von small bis medium und large, aber auch in den verschiedensten Farben, dick lackiert, um sie leichter wiederzufinden, wenn man sie verlegt hat. Dabei spielen Blau und gelegentlich auch Rot eine wichtige Rolle. Ich nehme an, dass mehr als ein Drittel dieser Schäufelchen, auch wenn sie noch so farbig leuchten, in Grünen Tonnen enden. Selten in den Tagen davor, eher erst kurz nachdem die Grünen Tonnen bereits abgeholt wurden, vermissen die Eigner ihre Tools. Abgeholt bleibt abgeholt. Kein Müllabführer würde wegen einer Handschaufel seine paar Tonnen auf dem Lagerplatz ausbreiten, um, wie er es sehen würde, ein lächerliches, bunt lackiertes Schäufelchen aus dem faulenden Abfall zu fischen, nicht einmal dann, wenn es aus teurem Kupfer besteht und keine Bemalung braucht, weil die Hersteller davon ausgehen, man würde mit den schimmernden Kupfergeräten ohnehin aufmerksamer umgehen als mit dem ordinären Eisenzeug. Logisch gedacht, aber nicht realistisch. Kurz gesagt, ich habe keine Lust, meine Verluste dieser Art im Nachhinein zu zählen.

Die Vorstellung, dass Hirn und Hand bestens miteinander vernetzt seien, stimmt einerseits und wird von einem Automatismus begleitet, der durchaus nützlich beziehungsweise energiesparend ist, zum Beispiel, wenn beim Jäten die Hände entscheiden, was gemacht wird, welche Pflanzen nur beschnitten, welche mit der ganzen Wurzel aus der Erde geholt und kompostiert und welche umgepflanzt werden sollten, um anderswo Fuß zu fassen. Während einer solchen Zeitspanne ruht sich das Hirn aus, und wenn es überhaupt denkt, dann eher träumerisch an der Zukunft zupfend, der die Haare nicht ausgerissen werden können, weil es sie noch gar nicht gibt. Und andererseits? Was das Verschwinden von alltäglichen Gartengeräten betrifft, sieht sich das Hirn als nicht zuständig für banale Dinge wie diese. Schließlich gehören sie eindeutig zu den Händen. Handschaufel, Handwerk, Handarbeit,

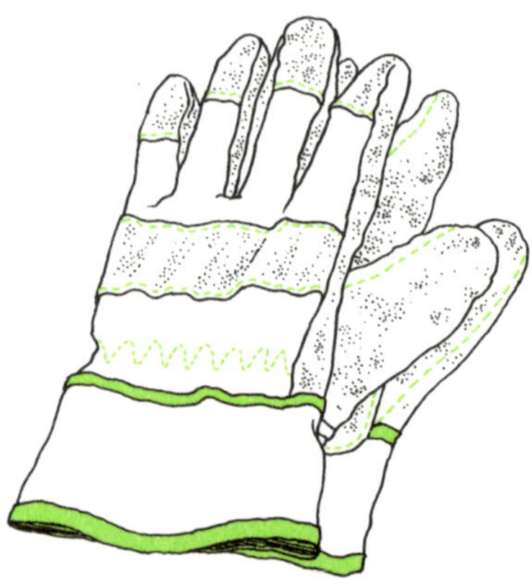

händisch gejätet, händisch gepflanzt, händisch beschnitten, womöglich auch noch händisch kompostiert, da wüssten die Hände doch wohl, wo sie ihr Handwerkzeug liegen gelassen haben.

Geheime Welten im Garten

Intelligenz wird erst wieder eingeschaltet, wenn es um die übrigen Bewohner des Gartens geht, um das wissenschaftliche Mit-dem-Finger-Zeigen, die Vertreibung von Schädlingen, das Kennenlernen von Insekten, denen man zum ersten Mal begegnet und dann nachschaut, welchen Namen sie haben könnten und welchen Strategien sie frönen. Das ist gewiss interessanter als die meisten Krimis, schließlich sind sie viel älter als wir, gewiefter, zielgerichteter und in mehreren Seinsweisen versiert, etwa Ei, Larve, Puppe und Imago. Ob kurz oder lang, wer von uns weiß schon, wie sie die Zeit erleben oder wie sie mit der Zeit umgehen, wenn sie bei manchem so unsäglich viel schneller sind als wir, sodass ihr Lebensempfinden für uns eher unverständlich ist. Oder auch umgekehrt wie bei den Schnecken: Wie können sie uns sehen, wenn wir an ihnen vorbeiflitzen? Ergibt das nicht einen langen Film, der für uns nicht entschlüsselbar ist? Käfern, Schnecken, Würmern, Spinnentieren zuzuschauen, wie sie miteinander trotz verschiedener Zeiterlebnisse umgehen?

Als beginnende Gärtnerin hatte ich häufig das Gefühl, wenn man die Grundregeln befolgte (pflanzen, jäten, gießen), bräuchte man nur ein wenig zu experimentieren, um herauszufinden, wer wo wachsen soll, welche Farben zueinander passen und welcher Dünger guttäte. Nun ja, auch das gehört zum Garten, beobachten ist ohnehin das Wichtigste. Aber es hat Folgen. Je öfter man schaut, desto mehr entdeckt man. Und man lernt. Beobachten ist nicht immer beobachten. Erst langsam kommt man drauf, dass die Welt, unsere Welt, offensichtlich aus mehreren Welten besteht.

Michael J. Hathaway, Anthropologe und Mitglied der Matsutake Worlds Research Group, der auch Anna Lowenhaupt Tsing, Autorin von »Der Pilz am Ende der Welt« angehört, hat in seinem neuesten Buch, »What a Mushroom lives for«, über die drei Königreiche dieses Planeten geschrieben, die er als das der Tiere, zu denen auch wir gehören, das der Pflanzen und das der bisher vernachlässigten Pilze sieht. Eine interessante These, die von der Vielseitigkeit des Lebens ausgeht und davon, wie wenig wir uns darum kümmern.

Wir Menschen sind kaum imstande, uns eine andere Welt als die, in der wir leben, vorzustellen. Und wenn, dann sehen wir sie als eine Welt, in der wir absolut dominieren. Der Garten aber bringt uns, je mehr wir ihm Aufmerksamkeit schenken, die Einsicht in andere Welten. Welten, in denen »die Welt« nicht nur anders aussieht, sondern in denen auch anders gelebt wird, sei es oben in den Lüften oder unten in der Erde, in Höhlen, in Felsspalten, im Körper anderer Lebewesen, im und über dem Wasser. Dabei geht es um Größe, um Körperbau, aber vor allem um Zeit. Die Zeit ist eine These des Menschen, während sie bei den anderen Tieren schlicht gelebt wird. Noch sehen wir all das ganz nach unserem Status, unserer Planung, also vom Augenblick bis hin zu den Milliarden von Jahren, in die wir die Zeit eingeteilt haben.

Für uns ist die Zeit, seit wir zählen können, mit Geschwindigkeit verbunden. Einer Schnelligkeit, der unsere Hände kaum mehr gewachsen sind, obgleich sie die Geräte für immer größere Geschwindigkeit ursprünglich hergestellt haben. Inzwischen sind es die Geräte der Geräte, von denen wir Gebrauch machen. Und aus jeder Generation entsteht immer noch eine und noch eine, bis hin zu Geräten, die sofort ins

Allerkleinste hineinfinden und gleichzeitig nach dem Größten, und sei es der Weltraum, suchen, um nicht nur unsere Sinne (Hören, Sehen, Riechen, Schmecken und Tasten) zu erweitern, sondern auch unser Wissen.

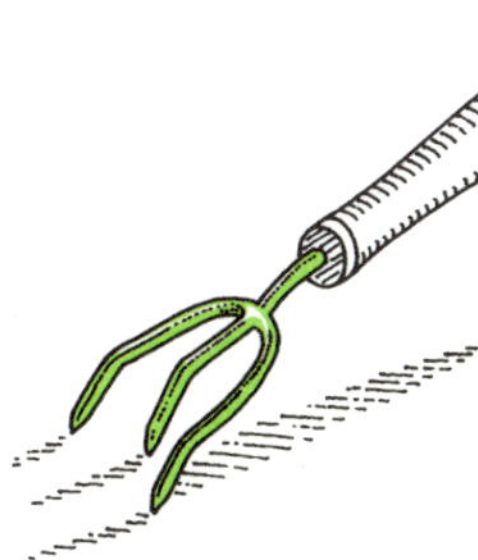

Gartengeräte-Kataloge: Was man nicht alles haben »muss«

Nicht dass ein heutiger Garten ohne Geräte auskommen könnte, aber die Nähe zum Kulturstoff Erde bedeutet für Gartler zumindest eine Art von Entschleunigung, und Gerät ist nicht immer gleich Gerät. Es gibt solche, ohne die ein Garten nicht möglich wäre, und sehr viele andere, die man kauft, um sich die Arbeit zu erleichtern, um letztendlich herauszufinden, dass sie zwar tauglich, aber keineswegs nötig sind. So ist es in anderen Branchen auch, man kauft, weil man das Künstlerische, das Design wahrnimmt, weil einem etwas gefällt, und schreibt ihm Nützlichkeit zu, um den Kauf zu rechtfertigen. Im Grunde müsste man ziemlich standfest sein, um sich all des nicht Nötigen enthalten zu können. Hinzu kommt, dass Hände auch spielverbunden sind, nur das Stochern alleine bringt noch kein Glücksgefühl.

Schon ist es Herbst, goldener Herbst, mit einem wunderbaren Amberbaum, dessen Laub erst noch grün bleibt, dann einen kleinen Abstecher ins Gelbe macht, um danach in vollem Rot zu glänzen, nachdem die pinken Euonymus-Sträucher sich bereits entlaubt haben. Der Schotter ist noch voller rosavioletter und weißer Japan-Anemonenblüten und der blaue, giftige Eisenhut hat noch keine Samen fliegen lassen. Gelbe Löwenmäulchen produzieren sich, als gäbe es sie bereits seit Jahren, dabei habe ich sie zum ersten Mal aus Samen gezogen. Sie haben den ganzen Sommer damit vertrödelt, sich Platz zu schaffen, bis ihnen klar wurde, dass sie als Gartenpflanzen auch zu blühen haben. Der andere Spätling ist eine marokkanische Malve, mit dunkel und hellrosa gestreiften Blüten, die während der letzten Jahre immer erst im Herbst Blühendes anbot, und das immer nur als einziger Strauch. Dieses Jahr gab es Ende September sogar vier kleine Sträucher, was bedeutet, dass sie sich akklimatisiert hat.

Der Herbst macht viel Arbeit, vor allem müssen die Knollen in die Erde, im Schnitt 10 bis 15 cm tief. Dafür gibt es ein Gerät, mit dem man, je nach angegebener Tiefe, in die Erde sticht, in der Annahme, dass die Erde nicht zu trocken ist, also nicht sandig bröselig, und im Zwiebelpflanzer (so heißt das Gerät) zum Kegel geformt wird wie Gebäck im Backrohr. Man zieht dann den Zwiebelpflanzer wieder aus der Erde. Betätigt man die Mechanik an seinem Griff, klappt er auf, sodass die Erde neben dem Loch kegelförmig rausfällt. So stellt man sich zumindest die Arbeit mit einem Zwiebelpflanzer vor. Meist aber ist die Erde, die er aus dem Loch holen soll, härter als man gedacht hat. Da muss man sich mit aller Kraft auf ihn stemmen, damit er überhaupt in die notwendige Tiefe vordringen kann. Ist es endlich soweit, ist es oft genauso schwierig, ihn wieder herauszuholen. Erde kann ja auch ziemlich klebrig sein. In diesem Fall müssen die Hände, ob mit oder ohne Handschuh, so lange daran herumfummeln, bis der Kegel es nach oben geschafft hat. Erst dann kann man, wieder Handarbeit, die Tulpenknollen ins Loch schieben und mit der Erde des Kegels zudecken. Je größer die Anzahl der zu begrabenden Zwiebeln, desto länger hat man kniend vor Ort zu bleiben.

Hände sind, wie wir schon alle erfahren haben, wissbegierig und ständig auf der Suche nach Verbesserungen. Kaum haben sie den nächsten Katalog für Gartengeräte ergattert, wird er von Seite zu Seite intensiver erkundet. Kurz vor dem Fund schlägt der Puls bereits schneller (er ist immer voraus, wenn es um Interessantes geht), gleich danach kommt die simple Erkenntnis, dass man ohne den Fund gar nicht mehr weiterarbeiten kann. Ein Beispiel: Im Handel wird eine Menge an verschiedenen Gartenkrallen angeboten. Also muss man sich von einer überzeugen lassen, wenn man wettermäßig nicht mehr die Zeit hat, jede einzelne auch noch händisch auszuprobieren. Bestellung im Internet. Einstweilen warten die übrigen Tulpenzwiebeln, aber nicht nur sie, auch andere Zwiebelförmige warten tagein, tagaus auf das neue Tool. Inzwischen hat es nicht geregnet, also wäre es ein Leichtes, die Zwiebeln weiter per Zwiebelpflanzer einzugraben. Keine Spur. Ohne Gartenkralle keine Tulpenblüte. Lautloser Fluch hinter dem Postboten, der nicht am versprochenen Tag liefert, sondern erst am Tag danach. Kaum ist das Paket im Haus, liegt die Gartenkralle vor dem Loch, das sie bilden soll. Da das Gerät ganz anders gebaut ist, muss man sich umstellen (das Knien bleibt). Erster Versuch mit der Gartenkralle: Reindrücken und umdrehen in beide Richtungen. Da es noch immer nicht geregnet hat, ist die Erde leicht zu bewegen. Sie zerfällt in Brösel, erster Glücksmoment. Die einst klebrige Erde wird durchs Drehen luftig und nicht klebrig. Es braucht viel weniger Energie für die Hände, die Kralle ein paar Mal umzudrehen, Loch allerdings gibt es keines. Es braucht ein

Schäufelchen, mit dem man die Erde aus dem werdenden Loch herauskratzt, wobei die Erde zwar durchlüftet wird, aber auch die Steine sich lockern, gegen die das Schäufelchen stößt, sie wollen ebenfalls nach oben. Die durchlüftete Erde ist nicht durchgehend wie gesiebt. Noch gibt es neben den Steinen auch Klumpen, die, wenn schon, denn schon, zerbröselt werden sollen, damit die Erde im Loch so gut wie möglich verteilt wird. Trotzdem, solange die Gartenkralle neu ist und ihre Krallen noch metallisch glänzen, wird man sie dem Zwiebelpflanzer vorziehen.

Ähnlich verhält es sich mit einem ganzen Set von Handschaufeln bis -schäufelchen, die viel mehr können, als man ihnen zutraut. Nachdem man mit Jätfinger, Staudenspaten, Aussaatstempel, Unkrautstecher, Blumenkelle usw. herumgetüftelt hat, um deren Vorteile zu ergründen, und sie alle in einem Korb zu den verschiedenen Arbeitsplätzen mitnimmt, zusammen mit einem Sack Bodenverbesserer oder Horndünger, Gießkanne und kleinen oder größeren Rechen, droht die Gefahr, dass sie unter Gebüschen weiter weg vom Haus oder bei Verwilderungen des entfernteren Gartens verschwinden und erst im nächsten Frühjahr wieder herausapern und je nach Qualität als weiterverwendbar oder zu rostig befunden werden.

Was das Verschwinden betrifft, geht es nicht nur ums Liegenlassen, sondern genauso häufig um das In-die-Grüne-Tonne-Schmeißen beim Leeren des Eimers, den man bis obenhin mit Pflanzenschnitt samt Brennesseln, Verblühtem aller Art und natürlich Überschüssigem gefüllt hat. Wenn dabei die Gartenschere oder die kleine Schaufel nicht ganz auf den Boden der Tonne fällt, hört man sie nicht und kommt erst auf die Idee, wo sie sein könnte, wenn die Grüne Tonne bereits abgeholt wurde.

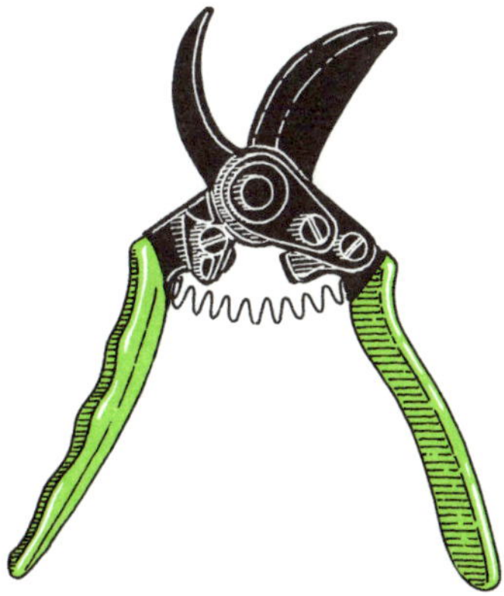

Ich nehme an, ich bin nicht die einzige Gartlerin, der sowas passiert. Es gibt, wie schon gesagt, Hersteller, die bei den kleineren Werkzeugen mit grellen Farben arbeiten, die man leicht sehen kann, aber auch nur dann, wenn nicht Laub oder Schnellwachser sie beschatten oder auf ihnen zu liegen kommen. Wie man diesem Verschwinden am besten beikommt? Wohl am ehesten damit, dass man den Werkzeugbesitz einschränkt. Mein Garten ist inzwischen mehr als 30 Jahre alt, und ich zähle nicht, wie viele dieser Tools mir bereits auf die beiden genannten Arten und Weisen abhandengekommen sind.

Geliebte Gartenschere

Das einzige Gerät, das ich zwar schon des Öfteren verschwunden geglaubt habe, das aber immer wieder aufgetaucht ist, ist eine Gartenschere, erzeugt in Japan, gekauft in München, ohne Farbeffekte, mit guter Figur, schlank, geschmeidig, leicht gebogen und eisengrau. Ich besitze sie seit 15 Jahren. Zum Glück gibt es sie noch immer, sie war teuer, zu Recht.

Ich erinnere mich nicht mehr, wie oft ich schon, kurz bevor die Grüne Tonne abgeholt wurde, diese in letzter Minute umgekippt habe, um »meine« Schere aus all dem Pflanzenschnitt noch herauszuholen. Meistens ein- bis zweimal im Jahr, dabei habe ich, wie ich mir einbilde, immer ein Auge auf sie. Je länger sie bei mir ist, desto schärfer halte ich Ausschau nach ihr. Finde ich sie nicht sofort, stürze ich den frisch gefüllten Eimer um oder suche sie mit den Händen, wenn der Eimer erst halbvoll ist. Eine Gartenschere, die nach so vielen Jahren noch immer schneidet, ist ein Glücksgeschenk.

Nicht dass ich nicht auch noch andere Scheren im Schuppen hätte, in Rot, in Schwarz, in hellem Metall, das geradezu spiegelt. Ich kaufe sie für alle Fälle, sollte ich »meine« Gartenschere tatsächlich verlieren, aber auch für Gartenhilfe von anderen. Manche sind nicht nur grellfarbig und in hübsche Etuis gesteckt, sondern ebenfalls teuer (daher der Eindruck von Qualität), aber wenn ich »meine« Gartenschere wieder einmal verlegt habe und schnell etwas abschneiden muss, merke ich sofort den Unterschied zu all den designten billigen bis teuren Scheren, die in meinem Schuppen in ihren weithin sichtbaren Behältern liegen, in die ich »meine« Schere nie stecken würde. Ich habe mir angewöhnt, sie immer in die Mitte des Arbeitstisches zu legen, sozusagen dominant, damit ich sie gleich sehe, wenn es um den Garten geht. Die vielen Scheren, die ich besitze, machen es mir leicht, jeden, der mir Hilfe leisten will, mit einer Schere auszustatten, und das sogleich. Was »meine« Gartenschere betrifft, bin ich der Meinung, dass die Verbindung Schere mit Hand eine besondere ist, eine, die sich, je länger sie besteht, desto intensiver, ja geradezu emotionaler gibt. Wie ich das meine? Auch wenn man mir eine Schere derselben Firma schenken würde, griffe ich trotzdem nach »meiner« Schere, zumindest solange sie so bleibt. Selbst der Scherenschleifer, der dreimal im Jahr auch zu uns ins Dorf kommt, hat sie mit erkennbarer Bewunderung gelobt.

Manchmal habe ich das Gefühl, dass »meine« Gartenschere mehr kann als nur schnipseln. Sie kann sogar Rosen schneiden, was gar nicht so einfach ist, aber sie scheint einfach zu wissen, wie es geht.

Sense, Rasenmäher und Häcksler

Wenn man von Gartengeräten spricht, denkt man an Rechen, Schaufel, Gartenschere, vielleicht auch an die Scheibtruhe, aber in Wirklichkeit haben Mechanik und Elektronik längst den ersten Platz eingenommen. Dass es in Gärten auch Gras gibt, ist üblich. Die Frage ist nur, wer hält es im Zaum? Eine Sense? Gehört zur Nostalgie ebenso wie die Sichel. Ein Rasenmäher, entweder mit Akku oder mit Stromanschluss, ist in normalem Gebrauch, der Mensch schiebt ihn und er schneidet die Halme. Die Benziner sind mir schon zu schwer, um sie zu schieben, wir leben auf einer Hanglage. Helfer sind rar, doch findet man hin und wieder welche, zumindest fürs Gröbere. Mähgeräte sind tatsächlich unabkömmlich. Inzwischen gibt es sogar Roboter fürs Mähen, die, wie es heißt, das ganze Handwerkzeug in den Schatten stellen.

Rasen ist offensichtlich noch immer im Programm von Garteneignern, da wird alles, was nicht Grashalm ist, mit Butz und Stingel vernichtet. Das bedeutet nicht bloß einen Kahlschlag, sondern ratzeputz. Kein Blütchen, auch wenn es noch so klein und zierlich ist, wird verschont. Selbst die Grashalme werden so gestutzt, dass man sie bei genauem Hinschauen in ihrer Schmächtigkeit zählen könnte. Wenn dann im trockenen Sommer der Rasen sich an vielen Stellen ockerfarben präsentiert, stört das angeblich niemanden. Ein Hauch von Grün – damit hat sich's. Nur ja keine Insekten, die ihre Eier in der Wiese ablegen. Da fährt jetzt der Roboter drüber, bei Tag und bei Nacht, bei Regen und bei Sonnenschein.

Das führt auch dazu, dass die Jungvögel nicht mehr genügend fangfrische Insekten finden. Jetzt müssen sie sich auch im Sommer mit Kernen begnügen, wenn sie überhaupt welche finden. Einige Vogelarten sind bereits am Aussterben, zwar nicht ganz so viele wie bei den Schmetterlingen, dennoch beunruhigend. Zum Glück gibt es in der Umgebung noch Futterwiesen, zwar gelegentlich überdüngte, was manche Blumen, unter anderem auch Heilpflanzen, vertrieben hat, aber es gibt noch eine Reihe von Wildblumen und Heilkräutern. In unserer Gegend hat es früher nie Rasen gegeben, dazu hat es viel zu oft geregnet, da hätte man ständig mähen müssen. Wenn es natürlich der Roboter macht, muss man sich nicht mehr darum scheren.

Für Gärtner, die ihren eigenen Kompost machen, ist das Gartengerät »der Häcksler« ein Muss. Dennoch konnte ich mich nie wirklich dafür entscheiden. Er ist zu laut und größere Äste und Stöcke muss man ohnehin mit der großen Heckenschere kleinschneiden, damit sie gehäckselt werden können. Also knackte ich die größeren und kleineren Stücke, schnitzelte an ihnen herum, und wenn sie klein genug waren, kamen sie in eine der drei Kompostzellen. Meine Hände mussten sich dabei einiges ein- und gefallen lassen, aber »meine« Gartenschere ist auch die ihre, also siegte die gegenseitige Wertschätzung.

Der Kompost selbst wird allenthalben gelobt. Dass man ihn mindestens zwei- bis dreimal umsetzen muss, bevor er als Kompost brauchbar geworden ist, sagt keiner von den Planetenrettern. Als Gärtnerin, die in die Jahre gekommen ist, braucht man einen starken Mann oder eine besonders starke Frau, dem oder der es zumutbar ist, die Schaufel zu nehmen und den werdenden Kompost von einer Kompostzelle in die andere zu werfen. Wer dabei nicht schwitzt, dem hat die Natur die Schweißdrüsen gestrichen.

Was das Kompostmaterial betrifft, gibt es dafür ebenfalls ein Gerät, das zumindest das Einsammeln von Laub, verblühten Blumen und zurechtgeschnittenen Ästchen erledigt. Eigentlich wollte ich gar nicht darüber reden, denn das Gerät hat einen Nachteil. Je preisgünstiger, desto lauter. Ich kann nur zu gut verstehen, dass womöglich die Nachbarschaft oder die spazierenden Touristen, die zwar ständig mit dem Auto unterwegs sind, aber, nachdem sie ausgestiegen sind, vor allem Ruhe wollen, den Laubsauger als Horror empfinden. Ich kann aber auch mich verstehen, die ich, wenn es hoch kommt, vier- bis fünfmal im Jahr damit vertrocknete Blätter ansauge, damit ich das von ihm nicht bloß gesammelte, sondern auch gleich geschredderte Laub leichter in die Kompostzelle schmeißen kann. Leider geht es nur so, da mehr als die Hälfte des Gartens aus Hanglage besteht und noch dazu eine aus 20 cm Schotter von der Enns bestehende Oberfläche hat. Die habe ich vor 15 Jahren im Austausch mit den Grassoden anlegen lassen, um mich nicht ständig mit einem kleinen Akku-Mäher zwischen den schrägen Beeten, die immer größer wurden, plagen zu müssen. Bald ahnte ich, dass ich in vielerlei Hinsicht zu schnellgläubig war …

Von der Schönheit des Schottergartens

Hatte man mir nicht längst erklärt, dass Pflanzen wie Akeleien, Erdbeeren, Pfingstrosen, Königskerzen usw. entweder unbedingt im Wald oder auf gut gepflegtem Boden zu wachsen belieben? Die Nachbarschaft war damals nicht angetan und äußerte sich je nach Temperament mit: Als hätten wir hier mit den Bergen nicht Steine genug im Dorf, wozu dann noch Schotter? Oder achselzuckend: Ich meine ja nur!

Insgeheim hoffte ich, dass die Rehe mit dem Geröll nicht zufrieden wären und sich einen anderen Garten suchen würden, in dem sie sich weiterhin Knospen von verschiedenen Blütenpflanzen auf der Zunge zergehen lassen könnten. Ich hatte recht, leider nur im ersten, zum Teil auch noch im zweiten Jahr, in denen sie sich das Stolpern über die Schottersteine schenken wollten.

Inzwischen kamen die verschiedensten Pflanzen, pflanzlich gesehen, auf interessante Ideen und siedelten sich peu à peu im Schotter an. Ich hätte es wissen müssen und können. Schon als die Terrassensteine noch offene Fugen hatten, wuchsen in Windes- und Regenseile selbst in den engsten Spalten jede Menge Pflanzen, sodass mein Mann kaum mehr drübersteigen konnte, ohne eine davon zu beschädigen, worüber ich mich wieder aufregte, weil dabei einige Wunderpflanzen wie Zwerg-Irisse, Steinnelken, Reiherschnäbel usw., für die ich damals ein Faible hatte, unter die Schuhe kamen.

Zurück zum Schotter und zur Entschlüsselung des Geheimnisses, an das ich tatsächlich nicht mehr gedacht hatte,

und das schon auf der Terrasse lesbar war, nämlich dass Pflanzen es lieben, wenn der Boden, in dem sie wurzeln, feucht und kühl bleibt, eben weil Steine oder Sand darauf liegen. Gleichzeitig schätzen sie auch die nächtliche Wärme, die von den Steinen tagsüber gespeichert worden ist, denn wir leben auf einer Seehöhe von 800 m und die Nächte sind hier fast immer kühl bis kalt.

Erst als ich im zweiten Schotterjahr die massive Invasion von Akeleien im Schotter registrierte, dämmerte es mir wieder: Schönheit ist Schönheit. Die Akeleien kleideten sich bunter denn je, und von Weitem wirkten sie wie die verschütteten Farben eines Malers, der mit seinem Bild fertig geworden ist und den Rest an Farben an die Natur zurückgibt.

Aber es waren nicht nur Akeleien, alle möglichen Pflanzen und Kräuter zogen das Schotterfeld vor und erweiterten ihre Reviere. Erdbeeren auf jedem Fleckchen, das nicht schon von anderen besetzt war, aber auch wilde Pfingstrosen, deren Blüten ungefüllt sind, die sich jedoch mit schönen Samenkügelchen in Schwarz und in Rot zeigen, wenn die vertrockneten Blüten sich auseinanderspreizen, und aussehen wie die Mütze eine Hofnarrs oder eines Schellenschelms, eroberten Reviere und pochten auf ihren Anspruch. Was die einzelnen Pflanzengruppen sich nach und nach zu eigen machten, war der Beginn eines Schottergartens, wurde aber flächenmäßig innerhalb von ein paar Jahren überholt von einem Imperium, das auch noch im Herbst mit seinen Blüten und deren Farbenfrische von Weiß über Rosa bis Violett bei Wind wie ein wogendes Blumenmeer aussah, ohne abzuknicken oder die Blütenblätter vorzeitig zu verlieren: das Imperium der Japan-Anemonen. Invasiv von Anfang an, landträchtig und landmächtig. Und da ich mir verschiedene Arten nach Hause holte, blühen sie von Juni bis zum Schnee.

Beinahe so robust wie das andere Imperium, nicht ganz so bodengriffig, aber nicht weniger standhaft, sind die Lenzrosen. Auch sie leben zumindest an den Rändern der Imperien der Japan-Anemonen, nur dass sie im Gegensatz zu diesen Frühblüher sind und daher schon unter dem Schnee Knospen bilden. Ihre stämmigen, fünffingrigen Blätter halten die Saison durch, bis sie im Spätherbst geschnitten werden, aber auch nur dann, wenn die Bätter schwarze Flecken zeigen oder von Insekten gelöchert wurden. Ihre Blüten gibt es in verschiedenen Farben, manche auch mit Farbdesign, und bleiben mindestens ein paar Wochen geöffnet, bis sie dann ebenfalls schöne Samenstände produzieren, sich aber hauptsächlich ihren bereits beschriebenen Blättern widmen.

Im Vergleich zu den Japan-Anemonen sind sie eher inselimperial und erobern ihr Territorium stückweis zwischen verschiedenen anderen Populationen. Keine dieser Inseln würden sie je wieder verlassen, hinzu kommt, dass sie ausgesprochene Starkwurzler sind.

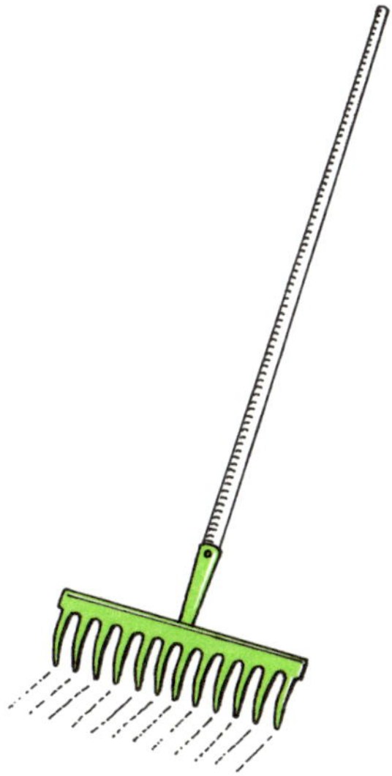

Die Tücken des Rechens

Dass ich den Rechen samt seinen Aufgaben in der Geräteliste noch nicht abgehakt habe, hat damit zu tun, dass ich nicht so gerne daran denke, wie ich einst mit ihm zusammengekracht bin und nicht nur mit einem blauen Auge, sondern auch mit einer Beule, besser gesagt einem gut sichtbaren Dippel, nach Hause kam. Natürlich war das nicht die Schuld des Rechens, auch wenn seine Krallen blau lackiert waren und es immer noch sind, wohingegen meine schmerzliche Bläue längst verblasst ist, aber zur Sympathie trägt so eine Stielschlägerei nicht gerade viel bei. Hätte nicht ein wichtiger Telefonanruf aus Kairo, auf den ich schon länger gewartet hatte, plötzlich Laut gegeben, wäre das alles nicht passiert. Aber da ich, gerade weil dieser Anruf sich Zeit gelassen hatte, immer weiter in den Garten geriet und mir erst, als ich es von weit her schellen hörte, klar wurde, dass ich sozusagen die Beine unter die Achseln nehmen müsse, wenn ich den erwarteten Anruf entgegennehmen wollte, übersah ich den Rechen samt seiner Bläue und trat undanks auf ihn, der sich automatisch rächte, indem er seinen Stiel blitzschnell nach oben schnalzen ließ, wo er auf meinen Kopf aufschlug. Ein banaler Klassiker, über den schon viele Gartelnde schallend gelacht haben, wenn auch immer nur die, die zuschauen hatten können.

Aber ja, auch Dippel vergehen, und wenn man nicht allzu nachtragend ist, kommt man über kurz oder lang wieder ins gedachte Gespräch. Vor allem dann, wenn ein anderes Gerät findet, es habe nun lange genug gearbeitet, und sich in den Krankenstand begibt. So reagierte z. B. ein günstig erstandener Laubsauger, der noch dazu nicht von einem selbst gehandhabt wurde, sondern von einem Helfer, der möglicherweise etwas kraftvoller zugriff, was der Laubsauger mit Ersticken beendete. Ihn jetzt noch, Ende November, zur Reparatur in den Nachbarort zu bringen und zu warten, bis sich ein Fachmensch seiner annehmen würde, zahlte sich nicht mehr aus.

Also her mit dem Rechen! Auch wenn das einmalige Amberbaum-Rot von Tag zu Tag bereits feuchter glitzert, so und so viel davon muss noch in die Kompostzelle, der Rest auf nackte Stellen in den Beeten. Vielleicht hat es damit zu tun, dass die Blätter, ungemein farbschön in ihrer Sternform, ziemlich groß wirken, daher besser zusammengerecht werden können, und das auch noch auf dem Schotter, jedenfalls lässt es die Sympathie für den Rechen wieder ansteigen. Ich überlege sogar, mit ihm durch den kleinen Teich zu fahren, wo sich viel an Grünzeug niedergelassen hat, das mit dem Netz herauszuholen ziemlich anstrengend ist. Aber wenn man mit dem Rechen arbeitete und zumindest das obere Gestrüpp ein wenig ausgerupft werden könnte? Nur keine Hast, meinen die Hände. Denk an die laichenden Frösche im nächsten Frühjahr. Willst du da alles klarrechen, anstatt den Kaulquappen Schutz zu bieten?

Schon wahr, aber spätestens im Mai werde ich es versuchen. Auch der Rechen kann auf verschiedenste Weisen eingesetzt werden, man muss nur öfter ans Mögliche denken.

Insekten und andere Lebewesen im Garten

Mit welchem Handwerkzeug wir an den Garten auch herangehen, wir werden auch auf Insekten stoßen. Insekten leben in einer der vielen Welten, die sich in ihrem eigenen Rhythmus drehen und dennoch dem Planeten zugehörig sind. Sie spielen eine große Rolle in der Evolution, da sie sich, von uns aus gesehen, meist schon viel früher als wir ihre Lebensform ersonnen, erarbeitet, erkämpft haben. Viele sogar zu unseren Gunsten (man denke nur an ihre Möglichkeiten, zu heilen, zu helfen, einzugreifen), schon allein insofern, als wir von ihren Millionen von Jahren alten Strategien gelernt haben und auch noch immer lernen können. Sei es in der Medizin, in der Technik, in der Chemie, aber auch im Verhalten bei der sparsamen Nutzung von Ressourcen. Hinzu kommen ihr etappenweiser Lebensweg (Ei, Larve, Puppe, Imago) und ihre diversen sozialen Qualitäten. Wobei man nicht vergessen darf, dass wir dabei auch von ihrer Kampfeslust, ihrer imperialen

Machtsucht, ihrer Verstellungs- und Tarnungsgeschicklichkeit, aber auch von ihrem Kannibalismus auf negative Weise profitiert haben.

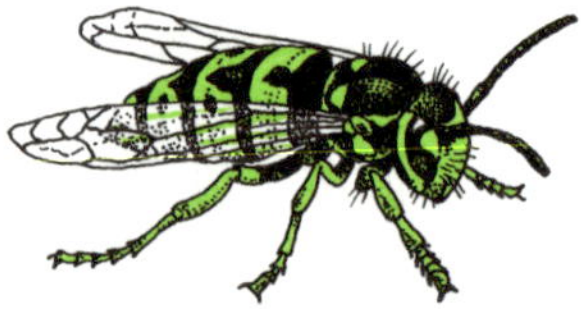

Wie die Wespe uns das Papier brachte

Aber fangen wir erst einmal mit etwas weniger Verfänglichem an. Alles, was ich hier aufschreibe, wird zuerst einmal mit einem Bleistift zu Papier gebracht. Schon fällt mir ein, dass uns Wespen dazu inspiriert haben, Papier zu produzieren. Nicht dass ich Wespen lieben würde, dazu bin ich in all den Jahren schon zu oft gebissen oder gestochen worden. Erst vor ein paar Jahren habe ich mir zu ihrer Abschreckung zwei papierene Hornissennester aufgehängt, um ihnen beim Frühstück nicht zuschauen zu müssen, wie sie in Windeseile Kreise aus meinem Frühstücksschinken schneiden oder sich von der Marmelade etwas mit ihrem von Bakterien besetzten Rüssel holen. Keck wie sie sind, nehmen sie auch auf dem Löffel Platz, mit dem ich gerade meine Cornflakes aus dem Joghurt heben will, und gelegentlich beißen, stechen sie einen auch unmotiviert in die Wange (selbst erlebt), wahrscheinlich um zu zeigen, wer an diesem Platz das Sagen hat.

Dennoch, der Legende nach haben die Wespen einen Chinesen namens Ts'ai Lun zu unserem Papier animiert, indem sie aus zerkautem Holz und genügend Speichel ihre Paläste bauen, die aussehen wie ein unregelmäßiges Riesenei, das aus vielen Schichten von zerknittertem, vermeintlichem Seidenpapier besteht, in dem es von Bewohnern nur so wurlt. Ts'ai Lun (er lebte von 50 bis 121 n. Chr.) scheint sich das mehrmals in Ruhe angeschaut zu haben, um es dann selbst zu versuchen. Offensichtlich gelang ihm der Schritt zum Papier. Allerdings zweifeln manche Historiker, vor allem die Archäologen, denn in uralten chinesischen Gräbern soll man bereits zwischen 140 und 87 vor Christus Papier gefunden haben. Papier von solcher Qualität, dass es sich bis in unsere Zeit gehalten hat.

Noch eine Geschichte von den Wespen: Wie man schon seit Längerem weiß, werden Pflanzen, aber auch Bäume, von Schmetterlingsraupen angefressen und bitten quasi um Hilfe, indem sie flüchtige Stoffe wie Terpene und Sesquiterpene aussenden, und das stundenlang, um weibliche Schlupfwespen anzulocken. Sind die angekommen, erkennen sie ihre Beute am Kot. Die Schlupfwespen lähmen die Raupen per Stich und legen ihre Eier in ihnen ab. Den Kotgeruch kennen sie aus Erfahrung, da sie ja selbst schon als Larven gelebt haben.

Aller guten Dinge sind angeblich drei, daher noch eine Wespengeschichte, die ihre guten Seiten in den Vordergrund rückt, wenn auch nicht hier, sondern in Südamerika. Da geht es um Wespen der Art *Protopolybia* oder *Stelopolybia,* die in oder neben den Beutelnestern von Stärlingen gesehen werden, weil sie die Vogelnester von den dort lebenden Fliegenlarven der Gattung *Philornis* befreien. Diese Larven saugen nämlich das Blut der Küken aus. Die Wespen sollen die Brut auch vor aggressiven Tukanen beschützen. Wespen sind eben doch immer wieder für etwas gut.

Ihre großen Feinde aber sind die Hornissen, die in ihnen zuträgliche Nahrung sehen und sie gerne auch jagen. Ich selbst habe vor Kurzem eine solche Jagd hautnah miterlebt, als einige Wespen versuchten, einem Geschwader von Hornissen zu entkommen, das an mir vorbeipfiff und wo ich mich beinahe berührt fühlte. Es war im Vorbau des Schuppens, kurz vor meinem Gesicht spalteten sich die Jäger in meine linke und meine rechte Seite und ich spürte die aufgewirbelte Luft an meiner Stirn.

Was ich mir vor Augen halten muss, ist, dass ein Garten immer voller Leben bleibt. Ob Pflanzen, Schnecken oder Ameisen, um nur die bekanntesten zu nennen. Oder groß wie Rehe, die als Gourmets erster Klasse gelten und meist nachts ihrer Lust auf Besonderes frönen. Heikel wie Gourmets eben sind, holen sie sich das Beste vom Besten, vor allem Knospen, wobei jedes Jahr eine andere Speisekarte erstellt wird. Die Sommerangebote verlangen einfach Abwechslung. In einer Saison z. B. müssen die Malven Federn lassen, in einer anderen ist Phlox angesagt und im Jahr danach zeigt sich, dass auch Storchenschnabelblüten, die die Hecke hochklettern, nicht verachtet werden. Nur Rosenknospen, egal welcher Gattung, stehen immer auf der Karte.

Die Anzahl der kleinen Gartenlebewesen übersteigt natürlich bei Weitem die Anzahl der großen und mittleren bei unzählbarer Präsenz.

Deals mit Störenfrieden

Dass eine gewisse Art von Schaben, die meist unter Blumentöpfen leben, gelegentlich einen Hunger auf Kalk haben, zeigen sie, indem sie die gekalkte Wand bis zur Holzverschalung ab dem ersten Stock hinaufkriechen, um sich satt zu lecken. Während ich bei Spinnen, die das auch gelegentlich tun, eher glaube, dass sie nicht auf Kalk aus sind, sondern eher Ecken suchen, die für neue Netze ideal wären. Wobei es bei all diesen Lebewesen von Haus aus auf Vielfalt geht, das bedeutet, es gibt sie in unendlich vielen Varianten. Wenn ich Spinne oder

Biene sage, meine ich jeweils eine Art, nämlich die, die ich gerade vor mir habe oder öfter sehe. Ihrer aller Namen sich zu merken, schafft man nur, wenn man sich wissenschaftlich und intensiver damit beschäftigt, am besten in jungen Jahren.

So ist es auch bei den Ameisen. Die in verschiedensten Stämmen Lebenden führen auch gelegentlich Krieg. Was besagt, dass es die Kriege schon seit Millionen von Jahren gibt. Kein Ruhmesblatt für die Kriegführenden, besser gesagt, permanenter Rückfall in die ewige Barbarei, ohne Aussicht auf den Schutz aller Lebenden. Uns Menschen steht es schon gar nicht zu, die anderen Welten zu kritisieren oder zu verdammen. Jeder und jede von uns hat schon Mücken zerquetscht, Nacktschnecken zusammengeschnitten oder Zecken an Katzen und Hunden getötet. Davor schrecken auch Veganer und Vegetarier nicht zurück. Die Strukturen des Lebens lassen unendlich viele Varianten und Mutierungen zu, auch die des Tötens, wenn sie glauben, einen Grund dafür zu haben.

Mit den Ameisen habe ich erst Krieg geführt und dann einen Deal abgeschlossen. Und es hat geklappt. Seit vielen Jahren. Sie bekriegen mich mit ihrer Säure, wenn ich, für sie unerwartet, einen Beetrandstein aufhebe, unter dem sie sich mit Kind und Kegel einquartiert haben. In Ordnung! Aber ich möchte nicht, dass sie ins Haus kommen. Meine Idee zur Lösung: Ich habe eine kleine Mülltonne (für Kinder produziert) neben der Türe an der Küchenseite hingestellt und immer wieder Nahrhaftes, das heißt Essensreste, hineingeworfen. Die Ameisen waren und blieben Gäste, die die Küchenschwelle nicht überschritten. Im letzten Jahr vergaß ich darauf, und siehe da, ich fand einzelne Ameisen in der Nähe des Herdes im Gemüserestelfach unterhalb der Schneidfläche. Es war relativ neu und ersparte mir, mit jeder Erdäpfelschale nach draußen zu gehen, denn die große Tonne steht auf der anderen Seite des Hauses. Ich nahm mir vor, demnächst wieder Futter in die kleine Tonne zu legen.

Offensichtlich hatten die Ameisen keine Lust oder Zeit mehr und entschlossen sich zu einem direkten Vorstoß für ihre Seite des Deals. Am nächsten Tag fiel mir auf, dass auf dem Teppich im Vorhaus lauter Brösel lagen. Während ich nach Schaufel und Bartwisch suchte, zerbrach ich mir den Kopf, wer da wohl in diesem halbdunklen Raum Kekse oder Semmeln gegessen haben könnte. Als ich den Teppich draußen abklopfen wollte und genauer hinschaute, bemerkte ich, dass Ameisen darauf hin und her sausten. Bei genauerer Sicht musste ich feststellen, dass die Ameisen zusammen mit ihren Eiern das Haus stürmen wollten. Bevor ich versuchte, alle Ameisen samt ihrem werdenden Nachwuchs aus dem Haus zu kriegen, ging ich in die Küche, nahm die Gemüserestellade heraus und schüttete deren Inhalt in die kleine Tonne. Seither ist keine Ameise mehr zu Besuch ins Haus gekommen, der Deal funktioniert offensichtlich so wie früher. Ob sie die Eier wohl wieder auf die andere Seite des Hauses zurückgetragen haben? Wer weiß?! Es war eine Lehre für mich, die ich mir hinter die Ohren schreiben sollte.

Da die Küchentüre bei schönem Wetter meist offen ist und wir auf der Terrasse essen (ein paar Schritte vom Herd), versuchen auch Tiere, mit denen es keinen Deal gibt, ins Haus zu kommen. Meist haben sie Flügel, während die Bodenständigen sich lieber zwischen den Pflanzen bewegen, wo sie genug Nahrung finden. So auch die Mäuse, die auf die vier Katzen der Nachbarin achten müssen. Diese Katzen sind allerdings weniger auf Mäusesteaks aus, sondern eher auf gelungene Beutejagd. Angeblich gehört das zu ihren Instinkten.

Bis zum letzten Jahr hat keine Maus das Haus je betreten, obwohl eine oder mehrere (keine Ahnung, ob es immer dieselbe Maus war) ständig zwischen dem schmalen Beet an der Hauswand und dem gegenüberliegenden großen Beet hin und her rannten, selbst wenn eine der Katzen auf der Bank neben dem Esstisch lag und schlief.

Die Maus war am Abend gekommen, und als ich ins Schlafzimmer des oberen Stocks kam, lief sie mir zwischen die Beine. Als sie begriff, dass ich sie bemerkt hatte, huschte sie unters Bett. Ich holte meinen Mann und erklärte ihm den Einbruch. Zum ersten Mal sah ich, wie schnell Mäuse die Treppen hinauf und hinunter hüpfen können. Wir versuchten zuerst, sie mit Geschrei zu verschrecken, aber die Maus versteckte sich wieder. Dann holten wir den großen Rechen, öffneten die Eingangstüre und scheuchten sie so lange, bis sie endlich den Weg nach draußen gefunden hatte.

Was tun, wenn eine Population wie die der Mäuse überschüssig an Nachkommen wird? Ich fragte die Nachbarin, die für alles eine Strategie kennt. Zitronenöl, sagte sie, Zitronenöl und Zimt. Vor unserer Küchentüre gibt es nur eine einzige Stufe, also kaufte ich das Öl, schmierte es unter den Türrahmen und danach streute ich Zimt darauf, um ehrlich zu sein ohne große Hoffnung.

Seither dringen zwar Fliegen, orientierungslose Wespen, gelegentlich auch Vögel bis ins anschließende Wohnzimmer vor, jedoch keine Mäuse. Entweder es ekelt sie der Geruch nach Zimt oder Zitronenöl dermaßen, das sie auf den Eintritt verzichten, oder es gibt wieder einen Deal, den ich gar nicht wahrgenommen habe, der ungefähr so klingen könnte: Wenn wir uns weiter unter den hängenden Vogeltürmen sattfressen können, lassen wir deine Küche in Ruhe (die Vögel kommen nämlich und holen sich Sonnenblumenkerne, Nüsse usw. und knacken sie auf, um die Schalen loszuwerden. Manchmal gelingt es ihnen aber nicht. Dann fallen die Kerne samt Schalen auf den Boden, und für die Mäuse regnet es Manna). Und außerdem wissen wir nicht, ob nicht gerade eine der Katzen bei dir snackt.

Die Schönheit von Käfern

Zurück zu den Beobachtungen im Garten, der Domäne der Hände, auch wenn wir gelegentlich einen Handschuh darüberziehen, damit unsere Finger von der Erde nicht zu rau werden, um noch mit der Hand lesbar darüber schreiben zu können. Noch beobachten wir höchstens mit Brille oder kleinem Vergrößerungsglas, um das, was vor unserer Nase geschieht, zu sehen und nach Möglichkeit auch zu verstehen. Schon begeben wir uns in eine Welt von Lebewesen, deren Dichte sehr viel größer ist als die von Menschen im Garten.

Der Blick auf eine blühende Elfenbeindistel unter der Julisonne zeigt uns, wie die verschiedensten Lebewesen sich von ihr Nahrung aus den vielen kleinen Röhren ihrer Blüten holen. Egal ob traditionell, wie bei den Honigbienen, oder zufällig, ohne Abmachung, an wen der an den Beinen klebenbleibende Pollen geliefert werden soll, das Gewühl nimmt zu. Manche größere Käferrüpel stupsen andere, schlankere, auf die Seite, wenn sie Nektar riechen. Und manchmal fliegen die Kleineren dann weg oder fallen, wenn sie nicht fliegen können, auf den Boden.

Dazu kommt eine Reihe von winzigen Wespen, aber auch Wildbienen, die sich mit schlankeren Laufkäfern anlegen, wenn es um Nektar geht. Aber vielleicht sind es gar nicht die

Käfer, sondern deren Larven. Ihre Vielfalt ist einfach zu dicht, um sie mit bloßen Augen, ohne Vergrößerungsglas, benennen zu können. Selbst die verhältnismäßig großen, grün schimmernden Rosenkäfer suchen die Röhrchen ab, allerdings ohne dass jemand sie stupsen würde.

Beinahe alles, was kreucht und fleucht, ist in verschiedenen Ausgaben vorhanden, allein die bei uns vorkommenden Laufkäfer gibt es in 750 Varianten, wie man aus Svatopluk Bílýs Buch »Käfer« erfährt. Sie erscheinen in allen möglichen Farben, von Schwarz über schimmerndes Blau bis hin zu Rostbraun und Rostrot, aber auch mehrfarbig wie beim Bunten Scheibenhals-Schnellläufer, der, von oben gesehen, einen schwarzen Kopf hat, der Halsschild ist rot, und in das Rot der Deckflügel ist ein Dreieck in Schwarz, mit Spitze nach oben, eingesetzt, das bis zum Ende der gerundeten Deckflügel reicht. Wie man von Willi Votteler aus seinem Buch »Gartennützlinge – Gartenschädlinge« erfährt, sind diese schönen, metallisch glänzenden, flinken Käfer fast aller Arten nützlich, zumindest aus gärtnerischer, das heißt, menschlicher Sicht, weil sie vorliebend räuberisch sind und von anderen Insekten, Schnecken und Würmern leben, zum Nutzen der Gartelnden. Ganz wenige Arten sind auch Pflanzenfresser, die sich aber kaum mit Blütenpflanzen abgeben.

Die Schönheit von Käfern aller Art ist in ihrer Namensgebung festgehalten. Da gibt es Prunklaufkäfer, Goldlaufkäfer, Hirschkäfer, Nashornkäfer, Rosenkäfer, Goldkäfer, die besonders schön sind (auch wenn ihre Larven zu den Dung- und

Mistkäfern gehören), Prachtkäfer jeder Menge, sehr divers, blutrote Schnellkäfer, Museumskäfer, Kapuzinerkäfer, Fleckenglanzkäfer, Himbeerkäfer, deren Kopf eher bräunlich bis altrosa schimmert, Siebenpunkt-Marienkäfer, scharlachrote Feuerkäfer, Fächerkäfer mit langen, doppelt gekämmten Fühlern, Spanische Fliegen, goldgrün bis smaragdfarben, Schildkäfer, ebenfalls metallisch goldgrün und dazu auch noch purpurfarben.

So schön die Käfer auch sind, viele von ihnen richten bei Pflanzen und Bäumen Schaden an. Dennoch können es meine Hände nicht lassen, Rosenkäfer, wo immer ich sie finde, zu nehmen und in eine blühende Rose zu legen, wo sie auch hingehören. Der Anblick ist unsäglich. Ein Schimmer aus Smaragdgrün, gebettet in dunkles Rosa, noch dazu duftend, ein Glücksmoment. Leider sind die Glanzkäfer oft sehr klein, aber deswegen nicht weniger hübsch, wie zum Beispiel der grün oder blau glänzende, auch wenn er hauptsächlich »Erzfarbener Glanzkolbenkäfer« genannt wird. Er liebt Kamillenblüten und jagt gelegentlich Borkenkäfer, was ihm gutzuschreiben ist.

Der Kampf mit dem Minzblattkäfer

Der blaue von diesen Käfern heißt auch »Minzblattkäfer« (händisch mit Farben porträtiert in Vittelers Buch), und er hat mich gelehrt, nicht zu viele Pflanzen derselben Art nebeneinander zu setzen, schon gar nicht, wenn sie auch noch aromatisch sind, denn je mehr Pflanzen derselben Art an einem Platz leben, desto leichter werden sie, allein durch das Aroma, das sie verströmen, jene Käfer anlocken, die bereits ihren Namen tragen.

Ich erinnere mich noch ziemlich genau, wie ich ein kleines Beet der Pfefferminze überließ, da ich damals gerne Pfefferminztee trank. Dass die Minzen sich so schnell vermehrten,

gefiel mir sogar. Was mir auf die Dauer nicht gefiel, war, dass die Blätter immer öfter angeknabbert wurden. Meine Hände fingen langsam zu zucken an, wenn ich an dem kleinen Beet vorbeikam, das ich ihnen damals gegönnt hatte. Bis ich irgendwann anfing, den Fressfeind der Minzen zu suchen. Ich kniete mich auf eine Schaumstoffmatte, fingerte lange durch das Minzengebüsch und begann den noch Unbekannten zu jagen. Es dauerte, bis ich erkannte, mit wem ich es zu tun hatte. Bis ich dann endlich einen dieser wunderschönen, blau glänzenden, sechsfüßigen Blattkäfer fand, der, als er mich wahrnahm, die Flucht ergriff. Da er ziemlich klein und so hübsch war, ließ ich ihn laufen. Ich war mir auch nicht sicher, dass wirklich er der Minzblattlöcherer war. Aber wozu hat man Bücher, auch Bücher über Käfer? Nach ein paar Stunden Käfer-Studium über ihre Entwicklung in den Stadien Ei, Larve, Puppe und Imago sowie deren Nahrung stieß ich auf den Minzkäfer. Also, was tun? Die Käfer vergiften? Dazu sind sie zu schön. Nach einigen Nächten, die ich darüber schlafen wollte, musste die Pfefferminze dran glauben. Nicht zur Gänze. Invasiv, wie Minzen sind, würden sie zumindest versuchen, weiterzuwachsen. Ich ging in den Schuppen und suchte ein Gerät, das mir bei ihrer Verringerung helfen könnte. Mir war klar, dass die angeknabberten Blätter wegmussten. Aber was viel wichtiger zu sein schien, war die Entfernung der Wurzeln. Vieles konnten meine Hände aus dem Boden ziehen, aber wenn sie auch noch so kräftig zogen, die Minze schien sich festkrallen zu wollen. Die Hände gaben bald nach. Was jetzt?

Unschlüssig setzte ich mich und blätterte in den Katalogen für Gartengeräte. In meiner ersten Gartler-Periode hatte sich alles Mögliche angesammelt, das ich zwar gekauft oder geschenkt bekommen, aber kaum je gebraucht hatte, entweder, weil ich nicht wusste, wie ich realiter damit umgehen sollte, oder ich hatte noch gar keine Zeit gehabt, um das eine oder andere Werkzeug an der richtigen Stelle einzusetzen. Zum Glück hatten in den meisten Katalogen die Tools zumindest einen Namen, obgleich ich mit Namen wie Minisauzahn, Pendelhacke, Weinhaue oder Jätschlinge meist noch nicht wirklich vertraut war, noch dazu war alles aus Kupfer. Geschenke zu runden Geburtstagen, daher wohl das Kupfer.

Wie auch immer. Wenn ich müde war, griff ich noch immer nach Katalogen. Manche brachten ja Fotos, die aber auch nicht immer aussagten, wozu die Geräte am besten geeignet wären. Als ich mich vom Ziehen wieder erholt hatte, fing ich an zu experimentieren. Aber die Handkralle schaffte das Umdrehen nicht, der Boden war zu dicht bewurzelt. Der Edelstahl-Pfahlwurzeljäter verbog sich, als ich mit einem Hammer draufschlug, um ihn tiefer unter die Wurzeln zu bringen, und die Umpflanzblumenkelle konnte zwar stechen, prallte aber auf einen Stein, der ihr zeigte, wer der Herr unter der Erde ist. In dieser Zeit war mir noch nicht bewusst, wie viel Gestein sich noch unter der Erde befand. Jahre später sah ich mich als Expertin für das Ausmachen von Steinen, vor allem größeren, und wie man sie mit robusten Handschaufeln als Hebel erst in ihrem Loch dazu bringen muss, bewegbar zu werden, dann müssen Schotter, Erde und Sand gelockert werden, erst dann können die kleinen Schaufeln ihrer Arbeit nachkommen, obgleich man von Schaufeln normalerweise anderes erwartet.

Soweit ich mich erinnere, habe ich zur Entfernung der Minzenwurzeln einen Spaten zu Hilfe geholt und davor alle sichtbaren Steine, mit denen das Beet eingezäunt war, zur Seite gelegt, damit der Spaten schräg unter die Wurzeln konnte und das von allen Seiten her. Die kleineren Minzfamilien waren dann leichter zu ziehen. Da es aber auch vor dem Steinzaun Pfefferminzclans gab, die kaum etwas von der Beeterde abbekamen und trotzdem gut gediehen, ließ ich sie bis zu einer bestimmten Menge dort weiterwachsen. Und siehe da, der Bedarf an Tee wurde unbeknabbert gedeckt. Für die blau glänzenden Minzkäfer zahlte es sich offensichtlich nicht mehr aus, sich mit Kind und Kegel hier einzunisten. Schließlich gibt es genügend Minzen in der wiesenartigen Umgebung, in der zwar zwei- bis dreimal jährlich gemäht wird, aber nicht gezogen.

Die Pfefferminze ist noch immer im Garten. Schnellwüchsig, wie sie ist, versucht sie noch immer, sich ein größeres Areal zu schaffen. Ich bin dagegen, lasse sie aber auf Schotter gedeihen. Überschreitet sie den steinernen Zaun, wird sie ausgerupft, damit sie die Fetthennen nicht mehr ständig überfällt. Doch immer wieder versucht die junge Minze, sich einzuschleichen. Könnte sie Menschisch, würde sie mir sagen, ich solle mich lieber um den ewigen Giersch und seine noch krassere Vermehrung kümmern. Geht nicht. Der Giersch hat Wurzeln wie Stromkabel, die den Boden durchlaufen. Das einzig Gute an ihm ist, dass man ihn essen kann. Und die panaschierte Ausgabe ist nicht nur für Salat geeignet, sie ist einfach schöner mit ihrem weißen Dekor. Da nimmt man dann die eigene Hilflosigkeit nicht mehr so ernst.

Wann immer man mit einem Gerät in den Boden sticht, ob man nun Röhren für Tulpenzwiebeln aushöhlt oder Sämlinge aussetzen möchte, ob man die Wurzeln der zu Invasiven aus der Tiefe holen will oder mit den Fingern die Erde lockert, um sie mit Bodenverbesserern zu vermischen, es werden einem

Tiere entgegenkommen, entweder solche, die ihre Eier in die Erde gelegt haben, wie viele Insekten das tun, oder phlegmatische Regenwürmer, die sich seit Darwins Ritterschlag ihrer immensen Wichtigkeit in punkto Bildung der Ackererde beziehungsweise Humusproduktion, die ihrer ständigen Verdauung geschuldet ist, bewusst sind und sich eher langsam davonmachen, wenn man auf sie stößt. Selbst wenn sie dabei von einem Spaten undanks entzweigeschnitten werden, führt das nicht zu ihrem Tod, eher leben sie zweifach und ergänzen sich jeweils mit dem, was ihnen abhandengekommen ist.

Die Waffen der Kaltblüter

Die Gefahr, als Mensch gestochen oder gebissen zu werden, ist nicht besonders groß. Am ehesten passiert einem das mit Wespen, die zu reduzieren wenig Sinn macht, da die Hornissen sie ohnehin als ihre Hauptnahrung sehen und, wann immer es geht, auch jagen, wohingegen sie Homo sapiens angeblich nur dann stechen, wenn sie sich vor ihm fürchten müssen. Auch Bienen stechen nur dann, wenn man unbewusst auf sie tritt, meist in Wiesen oder wenn die Behausungen von Wildbienen oder Honigdieben geplündert werden, während sie gegenüber Imkern ihres Vertrauens ein eher freundliches Verhalten zeigen. Erstens scheinen sie zu wissen, dass sie nach einem Stich ins Nirwana müssen, und zweitens, weil das Stechen ohnehin nur im Affekt geschieht.

Dass in meinem Garten Ringelnattern wohnen und sich gelegentlich eine Portion Amphibienlaich aus dem Teich holen, sagen die Nachbarn, ich habe aber noch nie eine gesehen. Vielleicht will ich sie gar nicht sehen, und die Ringelnattern ersparen mir, mich mit ihnen anzulegen, wissend, dass wir in einem Kreislauf verbunden sind, in dem man sich nach Möglichkeit in Ruhe lässt.

Um noch einmal über die Bienen zu sprechen, auch sie ahnen, dass wir einander nicht feind sind. Daher kann ich meine Blütenpflanzen zu jeder Zeit gießen, auch während die Bienen unermüdlich ihrer Arbeit nachkommen. Die paar Tropfen Wasser, die sie dabei treffen, erschrecken sie nicht und schaden auch ihren dicken, gelben Pluderhosen nicht. Für mich hingegen bedeutet ihr gleichmäßiges Summen bei der Arbeit eine Art Entspannung, also haben wir beide was davon.

Noch entspannter bin ich, wenn die Hummeln in verschiedenen Kostümen auftreten, Kostüme in Hellgelb, Dunkelgelb, Rostbraun, Rostrot, Hellbraun und Dunkelbraun, manchmal sogar mit roter Farbe an der Hinterleibsspitze, aber auch in Schwarz, pelzig und mit Bass in der Stimme. Seit Jahren pflanze ich Blühendes, von dem ich annehme, es sage ihnen zu. Übrigens habe ich noch nie jemanden sagen hören, dass er oder sie von einer Hummel angegriffen worden wäre. Dabei können Hummeln auch anders, wenn sie zum Beispiel als verbleibende Königinnen im Frühjahr ein Nest bauen müssen, damit sie den Nachwuchs gebären, füttern und sich dienstbar machen können, solange sie Königinnen sind. Da hat schon öfter eine Maus ihr Quartier verlassen müssen, denn den Stachel der Hummel gibt es.

Außer gelegentlicher Wespenbisse ist mir nur der Biss einer grün glänzenden Libelle in Erinnerung. Das war im Parterre eines Literaturmuseums, wo ich aus einem meiner Bücher las. Die Libelle fühlte sich eingesperrt und wollte durch die geschlossene Glastüre entkommen. Sie versuchte es immer wieder und man konnte hören, wie sie ans Glas klatschte. Da niemand ihr dabei helfen wollte, stand ich auf, fing sie mit beiden Händen und spürte, wie sie mich biss, öffnete die Türe mit dem Ellbogen und ließ sie fliegen. Der Biss hatte nicht wirklich wehgetan und die Bissspur war nur ein wenig gerötet.

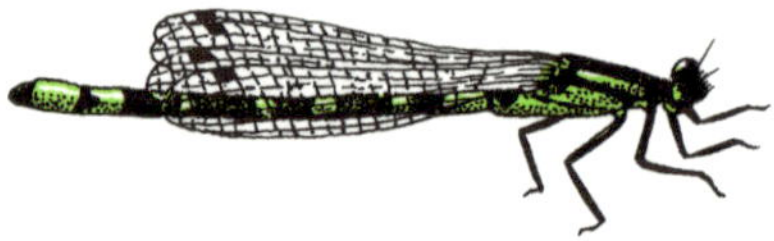

Vorletztes und letztes Jahr gab es im Teich und über dem Teich kaum mehr Libellen, nur vereinzelte ihrer Larven, die Laich oder Kaulquappen fraßen. Waren es doch die Ringelnattern, die sich überfressen hatten, oder etwas in der Luft, das man weder hören noch sehen kann? Wen immer ich frage, was in dieser schönen, naturnahen Gegend an diesem Artensterben schuld sein könnte, es gibt keine wirklich erhellende Antwort, nur ein Achselzucken. Zuvor verschwanden schon die Erdkröten, die seit Jahrzehnten in etwa zwanzig Brutpaaren auftauchten und beim ersten Eisloch im Teich (meist im April) zu laichen begannen, es gibt sie nicht mehr. Ein paar Jahre lang kamen dann Grasfrösche, allerdings in viel kleinerer Besetzung. In diesem Jahr sah ich nur mehr den Laich, aber auch bloß ein oder zwei Tage lang. Dann war alles vorbei. Dass es dieses Jahr wieder ein paar Schmetterlinge mehr gibt, reicht nicht als Trost. Die einzigen, die sich vermehrt hier Nahrung holen, sind die Taubenschwänzchen, die aber erst seit ein paar Jahren zuhauf geflogen kommen. Gibt es tatsächlich einen Trend Richtung Norden? Wie auch bei den großen Spinnen, die im Herbst das Haus zu stürmen versuchen? Offensichtlich frieren sie.

Ich gebe zu, dass Spinnen mich noch immer ängstigen, grundlos, wie man mir erklärt. Aber woher kommen dann die geröteten Einstichstellen an Armen und Beinen, wenn ich keine Mücke gesehen oder gehört habe?

Mir fehlt der Mut eines Paracelsus, der zwei Spinnen in seinen Mund ließ, damit sie die kleinen Eiterbeulchen auf seinen Mandeln wegschafften. Zumindest habe ich es so gelesen.

Es gibt auch keine Indizien für die vermuteten Spinnenbisse, nur archaisches Gruseln. Inzwischen habe ich etwas gefunden, das es mir leichter macht, sie zu entfernen, ohne sie zu töten. Ich nehme ein leeres Marmeladenglas, stülpe es um, und wenn ich die Spinne erwische, stelle ich das Glas wieder auf, schraube den Deckel kurz zu, gehe raus und entlasse sie in ein Beet. Gelingt nicht immer. Oft dominiert die Panik, ihre oder meine, und die Spinne schafft es, sich irgendwo zu verstecken, meist am Plafond des Stiegenhauses oder hinter einem Schrank. Dann gilt es zu warten, auch der Keller ist ein geheimer Ort. Manchmal, wenn ich im Keller nach einer Vase greife, um einen Strauß zu wässern, finde ich darin ein vertrocknetes Spinnentier, das es nicht hinkriegte, am Glas, an der Keramik oder am Porzellan wieder nach oben zu klettern. Wenn ich statt des Marmeladenglases jedoch eine Porzellantasse samt Untertasse verwenden würde, wüsste ich nicht einmal, ob es diejenige war, die mir in der Woche davor entwischt ist.

Trotz allem fühle ich mich nicht als Spinnenkillerin, eher sehe ich mich als outdoortolerante Hausbewohnerin. Da ich nicht immer darauf achte, wie viele Spinnennetze samt deren Weberinnen entlang von Ecken aus Kalk oder Holz, wie zum Beispiel zwischen äußerer, gekalkter Küchenwand und holzgeripptem Schuppen, es gibt, fallen sie mir immer erst auf, wenn es einfach zu viele sind oder wir Besuch erwarten. Dann versuche ich rasch, mit einem Reisigbesen (streng genommen auch ein Gartengerät) zu agieren. Vielleicht haben Spinnen einen sechsten Sinn der Voraussicht, denn da sind sie längst entlang der Mauerkante oder einer Holzleiste geflüchtet. Oder sie sind auf die andere Seite des Hauses gewandert, wo eine Kletterhortensie ihnen Versteckmöglichkeiten aller Art bietet. Allerdings kann es sein, dass die eine oder andere

Spinne, während ich auf der überdachten Terrasse kehre und wische, durch eines der über der Hortensie offenen Fenster wieder ins Haus kommt und sich in aller Ruhe überlegt, wo sie die nächste gewebte Hängematte hinkleben soll. Da sie wahrscheinlich genau schauen wird, wo sie die beste Aussicht findet, wird es sie wahrscheinlich ins Badezimmer oder, der gelegentlich erscheinenden fetten Fliegen wegen, in die Toilette ziehen. Wonach dann dasselbe wieder passiert, nämlich dass sie in die Badewanne oder ins kleine Waschbecken in der Toilette fällt, wo ich dann wieder versuchen werde, sie nach draußen zu katapultieren, ohne sie zu beschädigen. Oder auch nicht, wenn sie schnell genug ist, um sich im Stiegenhaus oben hinter dem Rahmen des schrägen Dachfensters zu verstecken. Kein Besenstiel ist lang genug, um dort oben hinzugelangen. Irgendwann nachts wird sie es dann schaffen, wieder runterzukommen und so weiter und so fort.

Übrigens nahm ich seinerzeit, als das Haus gerade fertig war und es sich besonders viele Spinnen nicht entgehen lassen wollten, das neue Haus auf seine Bewohnbarkeit hin zu prüfen, in meiner Verzweiflung immer einen großen Besen mit ins Schlafzimmer (der beste Spinnen-Einstieg erfolgte natürlich über die Hortensie), streifte damit die Spinnen Richtung Fenster und warf sie mitsamt dem Besen hinunter in den Garten. Als dann der Garten so richtig schön bepflanzt war, musste ich mit dem Besen als Gartenschädling aufhören. Zu viele Pflanzen waren von ihm schon geknickt worden.

Die Hummel, ein aerodynamisches Wunderwesen

Da lobe ich mir schon die vielfärbigen Pelzträger, von denen man lange glaubte, es wäre Magie, ein Zauber, der es ihnen, korpulent wie sie sind, ermögliche, zu fliegen. Man war der Meinung, dass nach den Gesetzen der Aerodynamik der

Auftrieb nicht ausreiche, um ein Insekt in der Luft zu halten. Darüber wurde lange debattiert, aber auch geforscht, bis man zur Erkenntnis kam, dass die Flügel eines Insekts, im Gegensatz zu jenen von Flugzeugen, beweglich sind. Ihre Spitzen beschreiben eine elliptische Bahn und die Flügel wechseln während eines Schlags die Richtung: beim Abschlag mit der Flügeloberseite und beim Aufschlag mit der Unterseite nach oben. Auch nutzen Insekten Luftwirbel. Und da hilft ihnen der sogenannte Vorderkantenwirbel. Der Flügelschlag von Insekten erzeugt eine Luftströmung, die diesen Wirbel zwar zunehmend abschwächt (wie bei Flugzeugen), ihn jedoch am Flügel festhält, sodass er weiterhin Auftrieb erzeugt. Mit diesem Effekt allein lässt sich aber die Flugleistung nicht ganz erklären.

Es gibt noch zwei weitere Zusatzauftriebe: den »Backspin« und die »Energie aus dem Nachlauf«. Der Backspin kommt, wie bei einem Tennis- oder Golfball, von der Drehung der Flügel. Die verläuft in ihrem unteren Teil in Flugrichtung. Dadurch wird dort der Gegenwind stärker und der Luftdruck steigt. Im oberen Teil passiert das Gegenteil. So entsteht insgesamt eine Kraft nach oben. Bei der »Energie aus dem Nachlauf« werden Wirbel genutzt, die schon im vorherigen Schlag entstanden sind, im hinteren Teil des Flügels jedoch noch vorhanden sind und quasi hinter dem Flügel herlaufen. Auch sie erzeugen Auftrieb. Insekten können diese Effekte steuern. Dazu benutzen sie ihre Augen und zahlreiche Kraftdetektoren an den Flügeln. So weit zu lesen in Mario Markus' »Unsere Welt ohne Insekten?«.

Aber das scheint, wie in Dave Goulsons Hummelbuch »Und sie fliegt doch« zu lesen ist, noch nicht alles zu sein. Denn fliegende Hummeln haben (das müssen sie haben) im Allgemeinen, und das konstant, eine Körpertemperatur von 35 Grad Celsius, was ziemlich weit über der Temperatur der umgebenden Luft liegt. Eine Körpertemperatur, die der des Menschen ziemlich nahekommt. Je kleiner ein Wesen, desto schwerer fällt es ihm, die Wärme zu halten. Hummeln schaffen es aber sogar dann, wenn die Umgebungstemperatur 30 Grad unter ihrer Körpertemperatur liegt, warm zu bleiben, eine ungeheure Leistung, wie der Wissenschaftler Bernd Heinrich herausgefunden hat. Die Hitze muss nämlich erst einmal erzeugt werden, wohl deshalb lebt die Hummel im Pelz. Entscheidender sei aber, dass die Hummel ihren Thorax (den mittleren Teil ihres Körpers) warmhält, weil hier die Flugmuskeln sitzen. Ist der Thorax nicht warm genug, können die Muskeln sich nicht so schnell zusammenziehen und die Hummel kann nicht abheben. Die Temperatur des Abdomens ist fürs Fliegen nicht so wichtig. So entdeckte Heinrich zum Beispiel, dass der Hinterleib einer fliegenden Hummel oft 15 Grad kühler war als der Thorax. Erzeugt wird die Wärme durch die Kontraktionen der Flugmuskeln. Beim Fliegen schlägt die Hummel 200 Mal pro Sekunde mit den Flügeln, das sind 12.000 Umdrehungen pro Minute, ungefähr die Geschwindigkeit eines hochtourigen Motorradmotors. Schlussendlich wurde errechnet, dass der Energieumsatz von Hummeln um 75 Prozent höher ist als der von Kolibris. Das riecht nach Höchstleistung.

Was die Hummeln mit ihren Muskeln alles fertigbringen! Man stelle sich vor, dass wir Menschen ebenso schnell Energie verbrauchten wie die Hummeln, die deshalb auch ständig Nahrung zu sich nehmen müssen. Bei aller Bewunderung für die Hummeln möchte man es ihnen nicht unbedingt nachmachen. Dass die Hummeln die Energie ja nur verbrauchen können, wenn sie sie haben, ist klar, und sie sie daher auch produzieren müssen, ebenfalls. Dass sie sich selbst kontrollieren können, ist beeindruckend.

Aber was Hummeln nicht haben, sind Hände, Hände, die nicht nur sich selbst über Millionen von Jahren formten, kontrollierten und mutierten, sondern die auch ständig Dinge produzierten, die außerhalb ihres Körpers existieren, also Gegenstände, um sie unter die Leute zu bringen. Gegenstände, mit denen sie nach der Fertigstellung nichts mehr zu tun haben. Ein triviales Beispiel dieses Gegensatzes wäre, dass Hummeln zwar Nester bauen für sich als Königin und für ihre Nachkommen, die zum Großteil Arbeiterinnen werden, jedoch keine Unterkünfte für andere. Selbst wenn sich Arbeiterinnen in andere Nester einschleichen, deren Geruch annehmen und dabei ihre Kontrahenten töten, um selbst Königin zu werden, bauen sie keine Häuser. Wenn sie bauen, dann nur mit ihresgleichen und für ihresgleichen. Dass es auch viele schlaue Parasiten gibt, ist eine andere Geschichte.

Die kleinen Schlauen

Mit welchem Gerät auch immer man in der Erde stochert, man begegnet Gliederfüßern, zu denen vor allem Insekten gehören, aber auch etwa Spinnentiere, Tausendfüßer und Krebstiere. Wie ich bei Mario Markus gelesen habe, gibt es an die 30 Millionen Arten von Insekten, davon sei aber nur eine Million wissenschaftlich erfasst. In seinem Buch schreibt er,

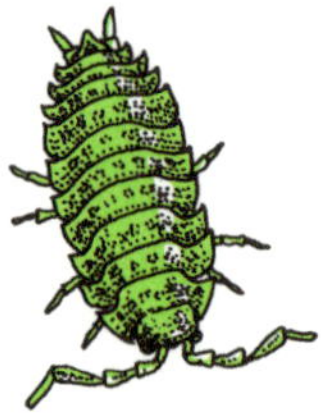

dass Insekten und ihre Verwandten »zu den schönsten und pfiffigsten Wesen auf unserem Planeten« gehörten. Aber man müsse genauer hinschauen auf die Kleinen, manchmal wirkten sie wie von einem anderen Stern. Außerdem seien sie ein Teil von Nahrungsketten, zu denen Vögel, Säugetiere und auch wir gehören. Würde eins davon ausfallen, könne das einen großen Schaden für alle verursachen.

Mario Markus' Buch »Unsere Welt ohne Insekten?« ist jetzt neun Jahre alt, und inzwischen spricht man immer häufiger davon, Insekten auf den täglichen Teller zu kriegen. Gerade jetzt, wo es immer weniger sichtbare Insekten gibt? Und warum werden sie immer weniger? Dafür gibt es kein treffsichereres Wort als multikausal. Zu den Ursachen gehören natürlich auch Insektizide, die man auf alle loslässt, ob Nützlinge oder Schädlinge. Doch so einfach geht es auf dem Planeten nicht zu, wie die industrielle Landwirtschaft es anstrebt und zum Teil auch ausführt. Aber wie sagt Mario Markus: Die Insekten gehören nicht nur zu den Schönsten, sondern auch zu den Pfiffigsten. Beweis dafür ist die Immunität, die die meisten Insekten besser und schneller erwerben als wir Menschen. Dennoch dauerte es eine Weile, bis auch die Pfiffigsten ihre Lebensweise geändert hatten, wie zum Beispiel die DDT-süchtigen Bienen. Kaum zu glauben, oder?

Bei einer Expedition in Brasilien für Studien über Malariaüberträger bemerkte man, dass auf Hüttenwänden, die mit DDT behandelt worden waren, viele, viele Bienen der stachellosen Art *Eufriesea* saßen. Es handelte sich dabei ausschließlich um männliche Bienen, die das DDT mit den Borsten an ihren Hinterbeinen von der Hüttenwand abkratzten. Eine genauere Untersuchung ergab, dass sie das Gift an ihren mittleren Beinen in schwammartigen Beintaschen bei sich hatten und auch horteten. Man würde erwarten, dass das zu Vergiftungen führt, nicht aber bei *Eufriesea*. Vermutlich war DDT ein Stoff, den die Bienen normalerweise aufnahmen, aber nicht so leicht woanders finden konnten.

Die *Eufrieseas* gehören zu den Orchideenbienen, die nicht nur von Orchideen, sondern auch von verrottetem Holz angezogen werden. Dort kratzen sie normalerweise Dufstoffe ab. Viele davon sind giftig. Man weiß noch immer nicht genau, wozu sie die gehorteten Duftstoffe nutzen. Womöglich locken sie damit andere Männchen an – sie sind meist Einzelgänger – und bilden dann einen Schwarm, um die Weibchen besser auf sich aufmerksam zu machen, oder sie punkten durch das Verströmen dieser Duftstoffe mit ihrer Sammelfähigkeit und ihrer Stärke und werben so um die Weibchen. Wer weiß?

Das war nur ein Beispiel für Pfiffigkeit. Die Strategien von Insekten sind mehr als mannigfaltig, und in unseren eigenen Lebensweisen spiegeln wir uns geradezu in jenen, die sie, die Insekten, in Millionen von Jahren erlernt haben, um am Leben zu bleiben und es mit weiterer Pfiffigkeit immer noch zu verbessern.

Ein Festmahl für Vögel

Was den Garten rund um das Haus betrifft, gehören die unterschiedlichen Futterstationen für Vögel ebenfalls zu einer Art Gartengeräte. Geräte, die, so sie über einem Beet hängen (meist turmartig), das Beet auch teilweise düngen, wenn die

Vögel ihre Exkremente zu Boden fallen lassen, was wiederum den Pflanzen zugutekommt. Da es immer weniger Insekten gibt, von denen sich Vögel schon seit je ernährt haben, geraten sie jetzt in ein echtes Dilemma, vor allem in der Brutzeit und bei der darauffolgenden Fütterung der Jungvögel. Seit ich das begriffen habe, füttere ich sie das ganze Jahr hindurch, zumindest möchte ich es – ohne Vögel kein Garten! Noch sind die verschiedenen Landmärkte nicht so weit, das ganze Jahr hindurch das jeweils passende Futter anbieten zu können. Was tun? Futter für Indoor-Wellensittiche kaufen? Oder getrocknete Würmer aus den Futtertürmen rieseln lassen? Es für ausreichend halten, wenn sie sich von Hollerbeeren, Zieräpfeln, verschiedenen Distelarten (deren Samenkerne aber erst im Herbst gefressen werden können) sowie Apfel- und Heidelbeeren ernähren, die aber auch erst später reif werden, wenn die Jungvögel schon flügge geworden sind, so sie nicht verhungert sind?

Im Oktober war es dann endlich so weit, dass es wieder Wildvogelfutter gab. Eine neue Art von Kernen, gemischt mit Rosinen. Rosinen? Seit wann fressen Vögel Rosinen? Sie fressen Obst, mit und ohne Kerne, sagte man mir. Klingt logisch. Die Türme und die Kugel sind leer, die Handakrobatik beginnt. Leiter aufstellen, wie zum Rosenschneiden draufsteigen und den dicken, mit Plastik überzogenen Draht von der Dachrinne holen, um die er gewickelt ist, während die Leiter auf den Natursteinen wackelt. Vor allem bei der Kugel, auf die ich noch zurückkommen werde. Die Türme sind jeweils mit einem dünnen Kabel samt sehr kleinem Haken am Rand der Dachrinne festzumachen.

Ist dann alles an Futter auf dem Tisch, kommen die Finger wieder dran. Die Kerne mit den Rosinen so einfüllen, dass möglichst wenige Kerne oder Rosinen rausfallen. Die Gitter

der Türme sind zumindest so geflochten, dass der Kern auch mit dem Schnabel rausgeholt werden kann. Eine Fitzelarbeit, noch dazu bei Regen, und es wird laut TV weiter regnen.

Kaum hängt alles von der Dachrinne, sind bereits die ersten Wachen der Meisen, die in unserem Garten das Sagen haben, in der Nähe, auch wenn gelegentlich ein Kleiberpaar und ein paar Stieglitze, Rotkehlchen usw. vorbeischauen. Manchmal auch ein Buntspecht samt Weibchen, meist auf der Durchreise und mit scharfem Blick auf den 25-jährigen Amberbaum, der offensichtlich noch immer nicht stark genug ist, als dass man eine Spechtwohnung in ihm zimmern könnte. Die Amseln holen sich, was auf den Boden gefallen ist, eine gefährliche Futterstelle, denn vier Katzen laufen frei herum. Nur Spatzen gibt es keine mehr, deren Schwärme haben sich woanders angesiedelt. Rassistisch, wie sie alle sind, führen auch die Meisen ein strenges Regiment. Ob schwarz und gelb oder blau und weiß, sie schicken Spione aus und überprüfen Neuankömmlinge. Irgendwann haben sie die Spatzen, die ebenfalls imperial agieren, einfach vertrieben.

Inzwischen hat der zweiwöchige Regen aufgehört, der goldene Oktober hält, was man ihm nachsagt, und die Wildbienen holen aus den Pflanzen raus, was noch zu finden ist. Die schönen Tage müssen genutzt werden, damit alles unter Dach und Fach ist, wenn der herbe Winter seine jährliche Aufwartung macht. Pflanzen umsetzen, schneiden, das Laub fängt zu fallen an, mit Wind ist jederzeit zu rechnen, auch wenn die Sonne anhaltend scheint.

Eher zufällig schaue ich beim Vorbeigehen zur Dachrinne hoch, irgendetwas scheint nicht ganz so zu sein, wie die Meisen es verordnen, auch fehlen mir ihre Laute. Ich nehme sogar die Sonnenbrille ab, weil ich ihr nicht so wirklich traue. Bei Turm eins wimmelt, wurlt und wandelt eine Clique von Wespen, deren Geschäftigkeit mir wahrscheinlich unbewusst den Blick nach oben gewiesen hat. Um diese Jahreszeit? Wespen sind robust, flüstert es in meinen Ohren.

Als ich ganz davorstehe, merke ich, dass die Wespen die Rosinen nicht nur von außen aus dem Turm zupfen, sie sind fast alle im Turm, schlank genug für die Drahtrechtecke, jausnen sie sozusagen bei gedecktem Tisch. Die noch nicht drinnen sind, versuchen reinzukommen, um sich ihre Portion zu holen, während die Gesättigten auch noch in Turm zwei wollen, der nicht so leicht zu befliegen ist, weil da noch immer zwei Büschel mit Minikernen für die nicht vorhandenen Wellensittiche im Drahtgestell hängen, zur Probe, wie ich mich erinnere, allerdings von allen Wildvögeln verschmäht. Aber auch Turm zwei ist bald in Wespenhand, während die Meisen auf den späten Nachmittag und dessen sinkende Temperaturen warten müssen, bis die Wespen ins warme Nest wollen.

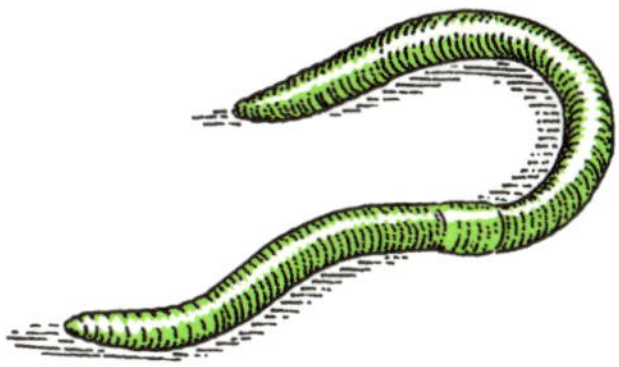

Habe ich mir gedacht. In Wirklichkeit befinden sie sich alle im Rausch der vergorenen Rosinen, was man daran erkennt, dass sie, wenn sie gerade nicht in den beiden Türmen fressen und schlafen, ziemlich holprig durch die Gegend flattern. Und die Meisen? Sie scheinen Angst zu haben, denn sie trauen sich nur mehr in die Vogelkugel, um sich, so schnell es geht, ein paar Kerne oder Rosinen zu holen. Merkwürdigerweise finden die besoffenen Wespen nicht in die Kugel. Aber auch sonst habe ich nie eine Wespe drin gesehen. Kann es sein, dass die Meisen ihnen diesbezüglich weit voraus sind? Jetzt sind es jedenfalls die Meisen, die warten müssen, bis das schlechte Wetter kommt und die Wespen keine Ausflüge mehr machen. Aber es wären nicht Meisen, wenn sie nicht täglich spionieren würden, um aus gewisser Entfernung die Lage einschätzen zu können.

Wenn wir schon bei den von der Dachrinne hängenden Futterspeichern sind, möchte ich noch von dem Kugelspeichergerät für Vögel erzählen, das ich im Jahr davor gekauft hatte. Dabei geht es um eine Kugel, unten offen und auf beiden Seiten mit einer Doppelwand aus Plexiglas, oben zu öffnen, damit man das Futter reingeben kann, das dann zwischen den Plexiglaswänden rechts und links nach unten gleitet in je eine offene Rinne, in der das Futter für die Vögel zu liegen kommt, wo es auch vor Regen und Schnee durch das Plexiglas geschützt wird. Die Sicht aus der Kugel ist davon abhängig, wie viel Futter sich in der Schicht befindet. Ist der durchsichtige Speicher noch bis oben gefüllt, sieht man draußen nicht allzu viel, je weniger Futter noch da ist, desto mehr sehen die Vögel, was draußen vor sich geht. Die beiden Speicher gehen nicht um die ganze Kugel, es gibt nur zwei einander gegenüberliegende Futterspeicher, das heißt, dass die Vögel auf jeden Fall nach draußen sehen können. Eingehakt zwischen den beiden Futterrinnen hängt auch noch ein Plastiktrapez, angeblich, um es den Vögeln leichter zu machen, zum Futter zu kommen. In der Beilage zur Vogelkugel steht, man möge einen Meisenring dranhängen, damit die Vögel kapieren, dass es hier Futter für sie gibt.

Der Winter machte sich breit, ohne dass ein Vogel dieser Kugel Aufmerksamkeit geschenkt hätte. Als dann die azurblauen, vollkommen wolkenlosen Jännertage kamen, tropfte das ranzige Schmalz auf den Natursteinboden, und ich dachte daran, an die Hersteller zu schreiben, dass sie mir ein total funktionstotes Gerät geschickt hätten, das noch dazu teuer gewesen sei. Dann schob ich es so lange vor mir her, dass ich dieses Kugelgerät wohl nicht mehr zurückschicken hätte können. Kurzum, es dauerte ein ganzes Jahr, bis die Vögel kapierten und ich plötzlich einen drinnen in der Kugel sah. Die Körner waren noch immer in Ordnung, was für die Kugel sprach. Langsam wurden es mehr, der eine oder andere Vogel verstand, dass die Kugel keine Falle war. Was mich ärgerte, war das viel zu leichte Trapez, das meist auf dem Boden landete, wenn ein Vogel sich zur Rinne hin abstieß. Aber bald war mir klar, dass dieses Trapez für die Vögel gar nicht notwendig war. Mittlerweile kommen mehrere Vögel und holen sich, was sie haben wollen. Manchmal sind es auch zwei oder drei, die zugleich in die Schalen der Körner picken, aber sie sind in der Minderzahl und gehören sozusagen zur Intelligenzia. Ich dachte schon daran, die beiden Futtertürme für eine Weile wegzusperren, um herauszufinden, ob die anderen es dann doch mit der Kugel versuchen würden. Aber dann wäre wahrscheinlich die Kugel ständig überlaufen. Wozu?

Auch nicht alle Menschen wollen immer alles ausprobieren, was man ihnen anbietet, dennoch sind sie bei uns in der Mehrzahl und können nie oft genug ausprobieren, was man ihnen anbietet, da ist die Werbung schon dahinter.

Mittlerweile ist es Herbst geworden und damit die Zeit, in der man zu entscheiden hat, was kompostreif ist oder den Winter ohnehin nicht überleben wird, wer noch in diesem Jahr wegen zu starker Vermehrung Federn lassen muss oder für wen man Platz schaffen möchte, entweder weil man neue Pflanzen gekauft hat oder die Selbstgezogenen Anspruch erheben. Ein Grund, sich mit Spaten, Haue, kleinem Eisenrechen, Stechschaufel, Handschaufel, Gartenkralle, Unkrauteimer zu rüsten und, mit einer Scheibtruhe voller Kompost einerseits und andererseits voller Erde, die sich erst wieder in der Kompostzelle erholen muss, zu pendeln. Das Herausholen von nicht mehr intakten Wurzeln, die dennoch nicht Platz machen wollen, bedeutet Muskeltraining und Stochergeschick. Manchmal geht es auch nicht ohne Schere, und im schlimmsten Fall, zum Beispiel bei Rosen, muss ich mir von der Nachbarin den Eispickel leihen. Alles Arbeiten, die Geduld brauchen. Es ist eine Zeit des Nachdenkens über das Wie und Wohin mit den Neuen, und das natürlich in gelockerter Erde. Aufwendig, aber auch erleichternd, wenn man glaubt, die richtige Pflanze am richtigen Platz eingegraben zu haben. Was die Geräte angeht, braucht man die meisten den Sommer hindurch nicht, dafür um so häufiger im Frühling und im Herbst. Selbst der Scherenschleifer, der sich nur ein paar Mal im Dorf blicken lässt, weiß davon. »Meine« Schere glänzt geradezu, als hätte er beim Schleifen eine hauchdünne Silberhaut darübergezogen. Ich verfolge sie mit Argusaugen und überlege, wo ich sie am besten platzieren kann, damit sie ins Auge sticht.

Es wurde langsam Zeit, den dieses Jahr kommenden Winter ernst zu nehmen. Sein Beginn hat sich inzwischen ohnehin schon zum Dezember hin verschoben, während es früher so gut wie immer schon zu Allerheiligen so weit war. Nicht alles wird weggeräumt, schon der Insekten wegen, die Unterkunft brauchen, trotzdem beschäftigt man sich wochenlang mit dem, was tatsächlich wegmuss, um Platz für anderes zu machen: Beete für den Frühling vorbereiten, gewisse Pflanzen vor Sturm und Eis schützen, das heißt, hochbinden, damit der Schnee (und wir haben meist viel davon) sich nicht auf sie legt und sie einknicken, die richtigen Bänder dafür suchen oder ihnen Jutesäcke überziehen, Rosen und andere nicht ganz so Robuste bis über die Veredelungsstelle mit unbearbeiteter, gerupfter Schafwolle umgeben. Ein paar Bänke, für die weder Schuppen noch Keller groß genug sind, in Folien wickeln und so weiter.

Die anstrengendste Hürde, die man letztendlich zu überspringen hat, ist das große Saubermachen. Alle Geräte, die sich den Sommer über, trotz aller Hoffnung auf weniger, vermehrt haben, meist durch Geschenke, aber auch durch vermeintlichen Eigenbedarf, gehören geputzt und an ihren richtigen Platz gebracht. Aber was tun, wenn die Regale noch immer mit Töpfen, die nur im Sommer gebraucht werden, überfüllt sind, oder in den oberen Regalen sich noch immer das große Netz für den kleinen Teich breitmacht, das wegen kleiner Kinder in der Nachbarschaft gekauft wurde (die Kinder sind inzwischen alle über zwanzig), und viele Sachen aus der Vorzeit noch immer darauf warten, ein erstes oder ein letztes Mal gebraucht zu werden? Hinzu kommen die runden Stützen, die die Sommerblumen brauchen, um nicht Hagel oder Starkregen zu unterliegen oder sich von selbst in die Horizontale zu begeben. Nicht bloß eine ziemlich aufwendige Sache, sondern auch eine körperliche mit viel Energieverbrauch. Keinesfalls auf die Nummer zwei der Wässerungsschläuche zum kleinen Garten hin vergessen! Da er direkt an der Hauswand befestigt ist, noch dazu nordseitig, muss er wegen Schnee und Frost von der Wand in den Geräteschuppen des Erdkellers gebracht werden. Wieder ein Gartengerät, an das man nur zweimal im Jahr, einmal zu Frühlingsanfang und einmal zu Herbstende, denkt. Das Kippen der Wassertonne, das Beschneiden von wildgewordenen Büschen, das hoffentlich vielseitige Verschenken von Pflanzen wie Akanthus, der sich derartig vermehrt, dass man sich jedes Jahr von einem Teil davon trennen muss und glaubt, er wäre noch zu schade für den Kompost.

Irgendwann gegen Anfang Dezember kommt der Tag, an dem man behauptet, man habe getan, was getan werden müsse, was dann nicht einmal einem selbst glaubhaft vorkommt, weil man nie alles gemacht hat, was man hätte machen sollen. Aber es reicht für das Gefühl, es getan zu haben. Ein nicht gerade eindeutiges Statement. Einerseits wird man den Garten im Winter vermissen und andererseits ist man heilfroh, ein paar Monate leben zu können, ohne schon in aller Frühe nachschauen zu müssen, was Sache ist: Schlauch oder Haue, Handschaufel oder Gartenkralle, Stütze oder Schere, jäten oder pflanzen, mähen oder Erdbeeren ernten und so weiter.

Demnächst wird es dann nur mehr heißen: lesen, lesen, lesen und schreiben, schreiben, schreiben, zumindest bis März oder je nach Wetter auch bis April.

BARBARA FRISCHMUTH geboren 1941 in Altaussee, studierte Türkisch, Ungarisch und Orientalistik und ist seitdem freie Schriftstellerin. Die mehrfach ausgezeichnete Autorin lebt seit 1999 wieder in Altaussee. Zu ihren größten Erfolgen zählen die Romane »Die Klosterschule« (1968), »Die Mystifikationen der Sophie Silber« (1976) oder »Kai und die Liebe zu den Modellen« (1979), aber auch ihre zahlreichen Gartenbücher. Im Residenz Verlag sind folgende Neuauflagen erschienen: »Bindungen« (2013) und »Machtnix oder Der Lauf, den die Welt nahm« (2018). Zuletzt erschienen: »Natur und die Versuche, ihr mit Sprache beizukommen« (2021) in der Reihe »Unruhe bewahren«.

Bibliografische Information der Deutschen Nationalbibliothek
Die Deutsche Nationalbibliothek verzeichnet diese Publikation in der Deutschen Nationalbibliografie; detaillierte bibliografische Daten sind im Internet über http://dnb.dnb.de abrufbar.

www.residenzverlag.com

Umschlaggestaltung, Illustrationen, Layout und Satz: Hanna Zeckau
Gesamtherstellung: Samson Druck GmbH, St. Margarethen

ISBN 978-3-7017-3582-2